個人品牌獲利關鍵

8大藍圖
打造99%有效數位行銷力，
引爆變現的複利效應

BRAND

You are the Brand:
The 8-Step Blueprint to Showcase Your
Unique Expertise and Build a Highly
Profitable, Personally Fulfilling Business

邁克・基姆 Mike Kim 著
李翊巧 譯

目錄

推薦序……004
我的故事……007

第一部分 個人品牌 017

第1章……為了服務你想服務的人，你必須成為什麼樣的人？……018
第2章……實際創業家 vs. 思想創新者：你是哪一個？……038

第二部分 你的品牌藍圖 059

第3章……060
觀點： The PB3
第4章……075
個人故事： 永遠不要成為「灰色混合物」
第5章……089

第6章　**平台：**像中國十二生肖一樣地創建你的事業……112
第7章　**定位：**隨時都要知道你的競爭對手是誰……127
第8章　**產品：**驗證、創建、精煉、重新啟動……150
第9章　**定價：**人們喜歡購買，但不喜歡被推銷……173
第10章　**推銷：**最有效的行銷策略是簡單地說出實話……200
合作夥伴：人際關係好比火箭船
結語……223
問題統整……229
新聞素材包……233
致謝……237

推薦序

我第一次與「品牌智者」（branding brain）邁克．基姆（Mike Kim）見面是在波多黎各的會議上；當時，我們都是同一場活動的演講者；那天，我們站在游泳池邊，開始討論人們在現在這個過於光鮮亮麗的世界中，建立自身品牌時，所犯的錯誤。

這二十三年來，我都在訓練和指導精英職業運動員、領袖和公眾人物有關表演、策略、思維、實行這些議題；因此，我相當了解人們是如何犯錯的，有些人在不知情的情況下，就毀掉了他們的職業生涯；或是因為錯誤，導致他們創造出自己不喜歡的世界。（當你花了二十幾年的時間，都在用科學的方法，重新塑造精英表演者的身份，並做了一萬八千多個小時的一對一輔導後，離躍升成為個人品牌就不遙遠了。）

我幫助人們用更動人心弦的故事講述他們是誰，並讓他們能夠在奧林匹克的舞台上、美國國家籃球協會（NBA）的總決賽中或是董事會的會議裡，發揮他們最高的水準；而這些事情與邁克所做的工作很相似，他是透過創建個人品牌，幫助各領域的專家們打造更精彩，且更真切的故事。

正如邁克所說，每個人都已經是一個「個人品牌」；而你選擇如何培養這個品牌是個重要的決定，是要忽視它，讓世界決定你是誰；還是投入心力，展現自己最好的一面。想像一下，當你向世界展現自我時，你真實的模樣和你想在他人心中的模樣會更相符，因此，你會覺得相當自在，而更有動力地投入於你的工作。

不過，你不需要建立零缺點的完美人物形象，也不需要成為一位能解決所有問題的人，因為這些想法都是多年前「具有影響力人物」（influencers）年代的規則；現今，你可能仍會聽到「具有影響力人物」的這個詞彙，但遊戲規則已和當年截然不同。

邁克是我認識第一位以實用、淺顯易懂和結果導向方式，完整編纂現今規則的人；那天，我們站在游泳池邊聊天時，邁克和我分享他幫助個人品牌突破行銷雜訊的三個基本問題，並將其稱為「PB3」，你會在第三章看到詳細的介紹。

那時，我就知道他是位優秀的專家，因為只有在真實世界中，有豐富執行經驗的人，才能將這種純概念的內容精煉成如此實用的規則；而這也說明了經典的「愛因斯坦效應」（Einstein Effect）——如果你無法淺顯易懂地解釋它，就代表你還不夠瞭解它。

自從我們見面後，邁克就向我展現更多他的框架、品牌宣傳工具和他在這方面的天賦；因此，我邀請邁克到我的會議和活動中演講，讓參加會議的企業家們都能清楚明瞭地了解品牌的概念，並再次確信要為經營品牌採取正確的行動；其中，有一位與會者說得很好，他說：「基姆真的太聰明了，而且還相當樂於助人。」

在這本精益的書籍中，當你運用基姆為你制定的框架、工具和習題時，不要覺得他給的太少或是看起來很簡單就討厭他，因為這才是真正專家所做的事情——「定義關鍵的部分，讓你以少許的資源，完成更多目標」。

享受《個人品牌獲利關鍵》帶來的機遇、勝利和益處吧！

托德．赫曼（Todd Herman）

《華爾街日報》（*Wall Street Journal*）和國際暢銷書《另我效應：用你的祕密人格，達到最高成就》（*The Alter Ego Effect: The Power of Secret Identities to Transform Your Life*）作者

我的故事

不久前，我和朋友聊天，並告訴他們我正在撰寫一本有關建立「個人品牌事業」的書籍，這是一本可以展現你獨特想法、專長、聲譽和個性，並圍繞這所有特色創建一個事業的書籍。

聽完，我的朋友問了我一個相當簡單，但蠻有啟發性的問題，他說：「你希望讀者在閱讀這書時，有什麼感覺？」我立刻回答說：「終於！」我的意思是，我希望有人覺得他們終於找到了不用經歷高昂代價的錯誤，就能幫助他們一步一步實現他們目標的東西；也就是說，我期望他們能有種被解鎖的感覺，可以感受到從內心深處湧起的興奮、感受到一種他們夢寐以求的事業和生活都能實現的希望。

因為對我而言，這並非總能實現。

二〇一二年底，我辭去在康涅狄格州哈特福德教堂擔任四年音樂總監的工作，回到新澤西州的皮斯卡特維，我的生活又回到了原點，我搬回以前曾經居住、離我畢業大學只要幾分鐘路程的狹窄公寓；不過，唯一不同的是——我老了四歲、迷惘了四年。

接著，開始我所謂的「生活」：三十四歲，沒有工作、沒有方向，用盡了我所有的積蓄，淹沒在令人窘迫的債務中，但還是要試圖弄清楚：「我的生活該怎麼過？」

因此，我做了在迷失自我時，我經常會做的事情——閱讀大量的書籍，因為讀書能改變我的生活；但是，當我的生活發生轉變，尤其是職業生涯出現變動時，我卻無法精準地找到我所需要的幫助。

我無數次地前往我所在地附近的巴諾書店尋找在「專家」領域開啟一個全新職業生涯的相關書籍；但是，找尋這些書就像是大海撈針，我真的找不到任何能完全符合我需求的書籍。

當然，有一些關於尋找新職業的書籍，比如，理查德．博勒斯（Richard Bolles）的年年暢銷書《你的降落傘是什麼顏色？》（*What Color Is Your Parachute?*）；然而，這和我所要的內容不盡相同，因為我並不是想找一份新的工作，我是想創造自己的事業，創造一個能反映我是誰，而且是我夢寐以求生活的事業。

不過，我還是有找到少數幾本激勵我繼續追求夢想的書籍，像是多莉．克拉克（Dorie Clark）的傑出作品《重塑你自己》（*Reinventing You*）；可是，我真正想要的是教我「怎麼做」的書籍，讓我可以準確地學習該做什麼以及怎麼實行。

但不可否認的是，書籍能被擺在巴諾書店書架上的人，都是已經為自己創立「專家」事業的人！因此，我每買一本新書，我的挫敗感就會增加，而且，我討厭書上只說「決定你想要解決的問題，然後開始開發客戶」，但沒有舉任何具體的例子，也沒有說明如何實行；比如，為什麼書上不能直接提供，「如果我重新開始，這就是我會寄出的確切電子郵件內容」這種舉例。

另外，我也討厭文案人員（撰寫行銷素材和廣告的人）只教導廣義原則或是只提供填空的模板，而沒有提供實際的執行方式，讓我可以根據自己的情況進行調整；此外，我還相當討厭有關個人發展的書籍寫道，「想像一下，幾年後你想成為什麼樣的人？」卻沒有提供可行的方法，讓人們可以更明確地規劃目標。

其實，我的挫折感大多來自於我到了這個年齡，應該有所作為，所以，我實在不需要額外的說服，也不需要更多的啟發，我只是想知道以循序漸進的方式，該怎麼說，怎麼實行；這就是為什麼我一直很喜歡黃色的《傻瓜書》（*For Dummies*），因為這本書籍總能用簡單且符合邏輯的方式解釋一個主題。

因此，我真正在尋找的是一個將個人發展（我是誰）、商業開發（我要提供什麼）和行銷（說服他人採取行動的藝術和技能）都結合起來的藍圖。

現在，換個話題，讓我告訴你，為什麼我想要開始創立自己的「專家」事業。

大學畢業後，我換了幾份工作，後來，我就在哈特福德附近的教堂擔任音樂總監，負責每週禮拜時所需要的音樂，包含招募和排練志願的樂手，並編寫極具感染力的歌曲給我們的信眾和其他教會的教徒。

當時，我並沒有意識到，其實在完成我所有負責的事情時，我已經直覺地使用了行銷原則，從招募自由奔放的樂手、編寫市井小民都能接受的簡單音樂、召開各種會議到宣傳我們的音樂專輯，都與行銷有關。

提醒你，我不是受過專業訓練的音樂家，除了小時候上過幾年的鋼琴課以外，我從未實際了解音樂的原理，只是我有些音樂的才能；不過，當我在大學修習音樂理論課程時，我驚呆了，我學到什麼是關係大調、什麼是關係小調；學會不同類型的音階和時間記號，但我的腦袋真的快爆炸了！

我知道音樂就像一門藝術，但是，當我了解音樂創作背後的實際科學和方法後，我大為震驚，我從未想過音樂如同數學，它有形式和結構，所以可以複製；不過，音樂也是藝術，因為它能觸動人心，這也很像行銷！

幾年後，我歷經了一次意想不到的職業轉變，我會在後面章節詳細地分享，簡而言之，就是我辭去音樂總監的職位，搬回新澤西州，在課後輔導學校（我二十幾歲時曾工作過的地方）負責兼職教學的工作，幫助高中生準備大學入學的考試。

有天，當我走出大門時，老闆問我說：「基姆，你有空看一下我們學校的這個廣告嗎？」我回答她說：「當然可以。」然後我接著說：「其實，這設計的不好，因為你們的宣傳內容無法讓人一目了然，這個字體需要大一點、這邊資訊看不清楚，而且最重要的是，你沒有指出如果父母為孩子報名這課程，對孩子有什麼益處。」

她相當驚訝，因為她覺得我不會懂這些東西；其實，我確實不懂，至少不是真正地了解；但是，我對它就是一種直覺。她停頓了一會，然後請我坐下來，接著，她的話改變了我的生活軌跡，她說：「基姆，我想讓你接管整個公司的所有行銷工作，你開個價吧！」在一奈秒的震驚後，我隨口說出了一個數字（金額很高），並說我想成為首席行銷長，然後，我就獲得了這份工作。

由於我沒有受過正規的行銷教育，因此，我求知若渴地閱讀所有我能找到的行銷書籍，尤其是有關「文案寫作」的書籍，我閱讀了約翰・卡普爾斯（John Caples）、大衛・奧格威（David Ogilvy）、尤金・施瓦茨（Eugene Schwartz）……等所有《廣告狂人》（*Mad Men*）時代的經典書籍。

不過，影響我最深的一本書是《奧格威談廣告》（*Ogilvy on Advertising*），這是一本相當古老，但非常經典的行銷書，正是因為閱讀這本書，我才意識到我一生都在做行銷，彷彿我的「在職」行銷培訓就是我在教會工作時，負責主持會議、宣傳專輯、說服志願者加入音樂團隊的時候。

在閱讀許多行銷書後，我將書中學習到的東西，應用於公司的行銷中，讓我們公司第一年的收入大幅增長，我也因此看似相當擅長這份工作！然而，我想要的不止於此。我搬回新澤西州，並不是為了換一份工作，而是想要自由，想用我的看法創造影響力，想做我喜歡而且有信念的工作；若要我說實話，我真的再也不想通勤或待在辦公室裡工作。

雖然《廣告狂人》時代的那些書籍讓我以更正規的方式學習行銷，但這些都不是以「個體企業家」（solopreneur）為主題的書籍，因為當時並不存在個體企業家；可是，個體企業家才是我真正想成為的人。

後來，在我繼續學習的過程中，我認識了更多當代的行銷人員（和個體企業家），比如，麥克・海亞特（Michael Hyatt）、雷伊・愛德華（Ray Edwards）、艾米・波特菲爾德（Amy Porterfield）、帕特・弗林（Pat Flynn）等等；因此，我投入精力向這些優秀的榜樣學習（我現在很榮幸地可以稱他們其中一些人為朋友），過程中，我發現他們不只有想法，而是有很多值得我學習的事情。

此外，他們的背景都大相逕庭，海亞特曾是企業的首席執行長；愛德華曾是電台主持人；波特菲爾德曾在個人發展專家托尼・羅賓斯（Tony Robbins）身邊工作；弗林曾是建築師；不過，他們都有一些無形的東西能與市場溝通。

所以，他們有什麼共同之處呢？

答案其實讓人倍感欣慰，就是他們都能夠圍繞著自己的想法、專長、聲譽和個性，建立自己的事業，因為融合這所有東西，使他們每個人都與眾不同且無可取代，因此，他們所提出的內容也都**獨一無二**。

最近，我採訪歌星泰勒絲（Taylor Swift）早期的經紀人瑞克・百克（Rick Barker）時，更是強化了我的想法。在泰勒絲成為全世界的偶像前，她只是一位有才華的普通人，而當我問百克為什麼在第一次見面時，就覺得泰勒絲格外出眾？他說：「她有某種無形的東西。」

然而，好消息是我們都有一些無形的東西，使我們獨一無二；而這些無形的東西中，有些是感覺；有些是智力；有些則與我們的技能、姿態和個性有關，這就是為什麼我們比較喜歡某些演員；比較喜歡某些籃球運動員；或是為什麼有些人喜歡泰勒絲而不是凱蒂・佩芮（Katy Perry），因為這不僅僅是他們的音樂或「誰是世界上最優秀的演員、球員和歌手」的問題，而是「他們是什麼樣的人」的問題。

而這就是關於他們的品牌！

這所有與品牌有關的討論，都需要考慮的一個重要問題——演員、運動員和超級巨星都不是由看電影的觀眾或粉絲直接支付他們酬勞，而是由他們的製作公司、唱片公司或是他們所效力的球隊支付他們報酬。

不過，你和我都是由我們的服務對象——顧客和客戶，直接支付我們酬勞，因此，當我們開始**建立自己的事業**時，會需要考慮一些額外的因素。

雖然這不容易，但如果你有心要建立你的個人品牌，你是真的可以創造一個高獲利，而且能滿足個人成就感的事業；此外，你真的可以在改變他人生活的同時改變自己的生活，且我相信這是最崇高的謀生方式之一。

這就是為什麼在過去的幾年裡，我一直專注於為自己和他人創建個人品牌，而且在經過大量的測試、修改和精煉後，我正在撰寫多年前我一直在尋找書籍（「怎麼做」的書籍）。

不過，我必須告訴你這不是一本關於形象的書籍；相反地，《個人品牌獲利關鍵》是一**本透過建立關係，圍繞你的想法、專長、聲譽和個性創立事業的書籍**。

我常說，行銷不是為了完成銷售，而是為了開啟一段關係，就是你以真實的方式展現自我，而不是以兜售形象的方式，開啟與潛在客戶和合作夥伴的關係。

我在這裡提供的是一種深入挖掘並定義你自己個人品牌的方法：我將幫助你發現你是誰，你要提供什麼，以及如何行銷你的想法。

這需要你的努力，而且可能會有點挫折，因為你通常會認為——太棒了！一旦我把這些都想好，我就可以開始了！

不，並非如此。

我要請你先開始，邊做邊想，而我則在旁邊當你的嚮導。

你可能會發現自己在幾週、幾個月、甚至幾年後都會回想起這本書（我相當鼓勵你如此），這就是我把這些方法稱為「藍圖」的原因，因為沒有建築商只看一次藍圖就能建造出整座摩天大樓；藍圖的存在就是為了在完成整個項目的過程中，保持施工的進度，因此，我希望你能用這種的心態閱讀這本書。

朋友，讓我們開始工作吧！

請記住，你越能跳脫自我，就越能發現真實的自己。

當你閱讀本書時，我希望你能深深地嘆一口氣，對自己說：「終於！這就是我一直在尋找的東西，我一定可以做到的！」

如果你想下載《個人品牌獲利關鍵》的免費指南，包含可編輯的樣板、文案模板和範例，請至 YouAreTheBrandBook.com 網站查詢。

第一部分

個人品牌

1. 你必須成為什麼樣的人？
2. 實際創業家 vs. 思想創新者：你是哪一個？

第1章 為了服務你想服務的人，你必須成為什麼樣的人？

我在就讀高中時，正處於網際網路的早期發展；當時，美國線上（AOL）、網景（Netscape）……等網路瀏覽器風靡一時，我還記得那時會在聊天室裡與陌生人互動、閱讀部落格（Xanga，有人知道嗎？），並透過 AOL 即時通訊工具（簡稱 AIM）與朋友保持聯繫。

「AIM」是一個聊天的應用程式，是讓現今大多社交媒體平台實現「直接傳送訊息功能」的先驅；有一年夏天，我所有的朋友彷彿都染上了 AIM 病，我認識的每個人似乎都已有 AIM 的帳號，讓我大受打擊、深怕錯過，因為 AIM 是個好地方！

我從我家庭的郵件中搜尋，找到了一張當年美國線上送的光碟，於是，我拿起電話軟線，把它插到電腦上，並啟動和蝸牛一樣慢的數據機，準備加入即時通訊上的派對！忽然，我停止所有動作，驚訝地看著螢幕上顯示的內容，上面寫著：「我必須為我的 AIM 帳戶創建一個用戶名。」

如果你願意，可以笑一笑；但我相信我不是唯一一個害怕要為自己創建用戶名的人。我盯著螢幕至少半小時，試圖想出一些很酷、很詼諧的東西，因為我的用戶名必須很酷，要讓我的朋友深刻印象；此外，說實話，我還想讓女孩們有「邁克好幽默！他好可愛！我想嫁給他！」這些想法。

經過一段漫長的時間，我想出了一個完美的用戶名，這名字相當強大、可以投射出男子氣概，而且聽起來非常獨特！我對用戶名的巧妙發揮，肯定會讓女孩們向我提出約會的要求！我的AIM用戶名是……「米科維奇」（Mikovitch）。（別笑）

果然，事情的發展並非如我所想；事實上，應該說適得其反，我所有的朋友都認為這是最愚蠢的用戶名；其中，我的一位朋友問我是不是想要讓自己的名字聽起來像一位俄羅斯人，接著，從那以後，每當我所謂的朋友見到我時，都會故意向我行軍禮，並嘲笑地喊道：「你好，米科維奇同志！」

此外，最羞辱的一刻是，有一位我非常喜歡的女孩，她說幫我取了一個更好的用戶名，叫做「米科婊子」（Mikobitch），而且，我還記得她是一邊嘲笑一邊跟我說這名字；但不管怎樣，我現在已經是位成熟的男人了，而她可能正過著悲慘的生活，唉，算了！

自從網際網路的出現，人們就一直沉迷於在網路世界中展現自我，我們想給他人良好的印象、希望大家喜歡我們；以行銷術語來說，就是我們想建立一個品牌。正如你可能知道的，在古老的牧場裡，都會用鐵器在家畜身上烙下一個可識別的標記，這就是該家畜的「品牌」；之後，品牌的概念擴展到商業和行銷領域，用於識別某個公司以特定名稱製造的產品。

約書亞・威治伍德（Josiah Wedgwood）是一位出生於十七世紀的英國陶藝家，常被稱為現代行銷之父，因為他很可能是第一位使用品牌創造零售帝國的人；在他贏得夏洛特王后（英國國王喬治三世的王后）主辦的比賽後，就將他的陶器稱為「王后的器皿」，並在倫敦這個富有的地區，設立一個高級展示廳，隨後，又開創「退款保證」和「免費送貨」的銷售方式。

無論品牌是運用在家畜、陶器，還是在網路上展現自我，建立品牌都只和身份識別有關；然而，個人品牌是將品牌擴大到包含一個人的想法、專長、聲譽和個性，也就是說，為了實現一個明確的目標，我們會有意地塑造一個公共形象，比如，在我青春時期的AIM時代，我明確的目標就是讓他人覺得我很酷。

現今和當時的狀況真的天差地遠嗎？

這些年，我們當播客、寫部落格，且在社交媒體上花費無數的時間，就是為了一個明確的目標——向世界展現自我；我們想要增加追隨者、吸引注意力，甚至是賺錢；但我們一直在做錯的事情，因此，開始嘗到苦頭，人們開始厭倦外界持續不斷地關注、厭倦網路上百萬富翁所做的空頭承諾、厭倦形象塑造、厭倦缺乏真實感。

其實，大多數的個人品牌分為兩種方式進行。第一種，是人們銷售虛假的自己，認為只憑形象或主張就能得到他們所要的結果，但這些人沒有意識到，關注度不是他人欠我們的，而是我們贏得的，因此，請不要成為那些在 Airbnb 上租了一棟豪宅、拍攝一組照片，就說這是他們房子的人。

另外，第二種人就是以真實的名義進行過度分享，他們會不斷地談論各種議題，不過，有時分享過多內容，會讓人不想閱讀，而且這些人試圖以他們的爭論推銷自己；但以長遠來看，這是無效的，好比一場車禍，這些人獲得了關注，可只是短暫的。

那麼，我們該怎麼做呢？

這裡有個簡單的問題，可以作為你的試金石：「我能在我分享的東西周圍生起篝火嗎？」我的意思是，他人是否能感到溫暖？你是否在創建能吸引他人的東西？你能圍繞這東西發展出一個群體嗎？你會是他人想邀請上台，在他們員工面前或進入他們生活的人嗎？

你已經是一個品牌了，但你最好能成為一個更好的品牌

實際上，**你我都已經是一個品牌**，因為我們都有個身份，不過，這身份會因你交談的對象不同而有所不同，比如，你是否曾覺得在工作中的你與在家裡或與好朋友在一起的你不盡相同？若

是如此，那是因為你在不同的人群中，會有不同的身份，因此，你朋友對你的了解，是你的同事永遠不會知道的；但這些朋友可能對工作時的你知之甚少；然而，不管是工作的你，還是在家的你，你仍然是……你；不過，當你決定要圍繞自己建立一個事業，一個個人品牌事業時，事情就會有所轉變。

其實，創業是一件有趣的事，它能展現你最好的一面，同時也能揭示你漫不經心的一面，因此，我想直接了當地跟你說清楚：「不要建立你的品牌，而是要成為你的品牌」。也就是說，直接面對必要的艱難挑戰，成為你要向人們展現的人，學會誠信，沒有捷徑。

之前，我正在成為我的品牌時，我必須深入了解生活中的某些領域，現在仍要了解。不過，為他人建立一個溫暖且愉悅篝火的過程中，使我變得更健康，而且更成功。時至今日，我發現我在自己身上做越多事情，我賺的錢就越多；但奇怪的是，我就越不關心錢的事情，而這就是人們在尋找的那種真實感。

談論如何成為更好的人，可能感覺很突兀；不過，我向你保證，你必須早日面對自我矛盾，才能在這行業走得更遠。

別浪費生命在錯誤的工作上

有時，他人會問我說：「你是如何學會這些有關個人品牌事業的東西？」答案歸根結底就是面對自我的矛盾，並建立一個值得自己尊重的人生。

二〇〇九年，是第一次真的有人問我這個問題；那年的父親節，我飛往有一萬多名教會成員的科羅拉多州，與一位名叫羅斯的牧師會面；當時，我三十歲，在中等規模的教會中，擔任十八個月的音樂總監。

我聯繫羅斯，是因為我希望有一位和我同樣角色，但已比我厲害的人指導我；他邀請我參加一個他主持的會議，並同意在會議前，和我單獨會面，當我走進他的辦公室時，我驚呆了！這個人在山頂！（因為他辦公室的後窗可以清晰地看到洛磯山脈的全景，同時，比喻他強大的影響力。）

在我們的談話中，羅斯給我一些絕佳的見解；但是，那天下午，我回到飯店後，發生了一件意想不到的事情，就是我問了自己一個單純的問題，一個將徹底改變我生活軌跡的問題：若一切順利，十五年後，我還想過和羅斯一樣的生活嗎？

答案是不要！而且相當肯定，這句話當頭棒喝地點醒了我，發現當我遇到這位已經登上我目標山峰的人，我才意識到——我爬錯了山！

我根本無法承認每週日早上為同一群人領奏三十分鐘音樂是我一生的使命，因為這不是個能感到自我尊重的生活，我才意識到：生命對錯誤的職業來說太短暫了。

不過，我沒想到我的生活會走向一條完全意想不到的道路。

高速公路 vs. 越野

傳統的職業生涯告訴我們，生活是一條高速公路，或至少是在企業裡，等待有晉升的機會；不過，每個人其實都希望有些曲線或顛簸，可是在大多數的情況下，人們的生涯道路都相當直接——獲得一個學位，找到一份工作，考慮取得更高的學位，並努力在企業中升遷；但實際上，生活並不是直線；可不幸的是，我們大多數的人都沒有為這簡單的事實做足準備。

雖然社會（和根據雷可福磊斯〔Rascal Flatts〕的熱門歌曲）告訴我們：「生活是一條高速公路」。我認為自己是位不錯的司機，但你不會看到我霸佔一輛荒原路華的休旅車在叢林中進行越野，因為越野需要一套截然不同的技能，而創造你想要的生活也是如此。

一旦你離開學校，沒有人會告訴你該讀什麼書或要做什麼才能提升生活品質，你必須自己想辦法解決；這時，往往會出現「比較」的陷阱，如果你和我一樣，往往看著他人，認為他們的道路都筆直且狹窄，唯有我們的道路看起來像是一個無數皺褶的手風琴；如果你打開你最喜歡的全球定位系統（GPS）應用軟體，並設定起訖位置為紐約市到舊金山，其路徑看起來像是一條橫穿美國的直線，實際上，如果你把起點放大，你會發現光是開出紐約市的路線就比你最不喜歡的政治家還要歪。

正如網際網路上一段鼓舞人心的備忘錄：「不要再把你的幕後花絮與他人的精彩畫面相提並論。」

那麼，我們該從哪裡開始呢？

確認你獨特的專長

為了明確知道我的專長，早期，我做的其中一個練習就是細數我在工作中所做的事情。在我二十幾歲時，擔任音樂總監前，我在一個課後輔導學校工作，幫助高中生準備大學入學考試。（幾年後我又回到這間公司，並升職為首席行銷長）。

有一天，我寫下自己在這些角色中，要負責事情的簡短清單，其內容如下：

1. 我教導高中生
2. 我在教堂裡演講
3. 我創作歌曲

4. 我領導音樂志願者團隊開會
5. 我推銷我們錄製的專輯
6. 我主持教會會議

接著，這點醒了我！我所要做的就是留下每一句的精華，其結果如下：

1. 我教導高中生
2. 我在教會演講
3. 我創作歌曲
4. 我領導音樂志願者團隊的開會
5. 我推銷我們錄製的專輯
6. 我主持教會會議

當我看到這些詞在我記事本中回望著我時，我就像從不同的角度看到了自己，或更準確地，你可以說我是第一次認識自己。

在我們生活的大部分時間裡，都是從公司、組織或角色的視角來觀看自己，而不是從我們的本質或擁有技能的角度來了解自己，因此，我們無法看到自己獨特的專長。

早期，這些口號成為我自我對話的常規：「我是一名老師！我是一位演講者！我是一位作家！我是一位領袖！我是一個行銷人！我是個會議主持人！」這是個令人難以置信的力量，所以我鼓勵你做類似的事情。

重塑自我與**改變自己的故事**一樣，都是在改變你的公眾形象，但當時，我沒有意識到，我就是在對自己重塑形象。在重塑形象時，你很可能在你所過的生活和未實現的生活間感到糾結，或是感到顧慮重重、自我懷疑，而且很挫折。

這很正常，朋友。

如果你要成為自己最嚴厲的批評家，你也必須學會如何成為你自己最大的粉絲，對自己好一點，完成這細數工作內容練習，當你願意練習時，下一步可能會讓你感到驚訝。

現在是沉默的最佳時機

如果你不確定你想做什麼事業也沒關係，因為你仍可以做一些非常實際的事情讓自己進步——在社交媒體上保持沉默；但請不要誤解，我並不是要你完全關閉你的社交媒體活動，而是鼓勵你不要一直公開更新與你目前或過去職業有關的東西，換言之，就是不要在社交媒體上發表你今天的工作情況、你在辦公室做了什麼或是你有多討厭通勤。

這麼做的目標是希望人們可以在頭腦中創造（你自己的）空間，以便改寫你的生活；其實，我們在專業的娛樂業時常看到這種現象，比如，史提夫·卡爾（Steve Carell）演員最有名的就是在經典喜劇節目《我們辦公室》（*The Office*）中扮演傳奇角色邁克爾·斯科特（Michael Scott）；但為了重塑自我，卡爾放棄《我們辦公室》的拍攝（該劇在他離開後，還持續了數年），並開始認真接拍戲劇性的電影角色。

不久，卡爾在黑暗犯罪電影《暗黑冠軍路》（*Foxcatcher*）中的演出就獲得奧斯卡金像獎的提名，但卡爾如果是圖在戲劇性的電影中，建立自己地位的同時，又繼續接演喜劇角色，那就沒有意義了，因此，他就是在自己和《我們辦公室》之間創造了空間和距離，最終，他才能成功改變公眾對他的印象。

你也必須這樣做。

在你最喜歡的社交網路上，瀏覽你過去三十天的文章，是否能傳達你是新領域的新興專家？還是充滿了你的工作更新、食物的照片，以及和政治有關的文章？當然，這些文章並沒有錯；只是它們現在無法幫助你轉變。換言之，如果你一直重讀上一個章節，你就無法進入下一個章節。

沉默一下，創造那個你急需的空間。

我們唯一真正進入的三個市場

一旦你創造了空間，就該想想你想在什麼樣的市場發展，你很可能會選「健康、財富或關係」這三大領域之一的市場。

為了讓人印象深刻，我還聽過這樣的說法：「人們想不做事就獲得酬勞、想一夜情，或是想長生不老。真是好笑！」

不過，健康、財富和關係這三大領域可說是不言而喻，比如，著名「P90X鍛煉計劃」的創造者托尼・霍頓（Tony Horton），顯然是從事「健康產業」；幾年前，我為了一個行銷專案在霍頓家工作了兩天，就知道他是相當真誠地關心人們健康的人。

還有，我的朋友克里斯蒂娜・霍耶（Kristina Hoyer）也是在健康領域發展，她是一位心靈和保健教練，幫我確保我飲食的營養。如果你是用冥想、瑜伽、靈性、功能醫學、脊骨神經醫學，或規劃生活的方式服務客戶，你很可能也屬於「健康類」。

而作為一名事業教練和行銷顧問的我，是屬於「財富類」，工作就是幫助企業或個人賺更多錢。此外，職業教練和高階領導教練通常也屬於這一類，因為客戶希望在工作中表現得更好，提高營收，或是賺更多錢。

另外，如果你是一位婚姻顧問、約會教練，或任何類型的家庭顧問，你則是分在「關係類」。

例如，我的好朋友蘇珊・米勒（Susie Miller）就是負責輔導高階領導者關係方面的問題；還有，我以前的客戶蜜雪兒・迪林（Michelle Deering）博士則是擅長處理母親與女兒間的關係。因為我們的生活是由各種關係所組成，所以這顯然是個很大的類別。

我知道，僅關注某個市場會讓你感到不安，因為彷彿你要對某個特定的市場做出終身承諾，其實，我向你保證，之後很可能會轉變市場，比如，查琳・約翰遜（Chalene Johnson）是一名健身教練，不過，她將自己的個人品牌擴展到線上事業輔導，因此她從健康領域轉到財富領域；我的另一位好朋友賈馬爾・米勒（Jamal Miller）創辦了一個為單身青年提供關係輔導的會員制網站，後來，他在另一間公司將其工作擴展到數位行銷，於是米勒就從關係領域轉向財富領域。

我們用「關鍵」（pivotal）一詞描述人生重要的轉折點是有原因的。

因為我身高不低，在高中打籃球時，教練總是讓我在低位打球，換言之，我必須在籃下接球，然後轉身投籃或是傳球，因此，我必須根據當時的情況，做出即時的判斷，所以，我們投入很多心力在訓練我打籃球時的支點腳，以便能在下一個動作流暢地轉動我身體的其他部分。

同樣地，你之後也可能會轉換發展方向，但最重要的是你必須先打好基礎，如此一來，當你之後決定朝不同的方向發展時，你才能從這個有力的支點出發。

考慮一下你想在這三個市場（健康、財富、關係）的哪一個中發展；不過，你之後都可以轉換。

八個步驟創建「你的品牌藍圖」

剛開始時，其中一個我最大的挫折就是要試圖將我剛起步的事業和品牌連結在一起，雖然有很多關於演講、部落格、銷售、Podcast……等方面的優秀課程，但我還是不知道要怎麼將事業和品牌連結，或者，我應該先做哪一項。

我覺得自己就像法蘭克斯坦（Frankenstein）博士在「隨機拼湊行銷行為」（random acts of marketing），希望它能幫我建立夢想中的事業和生活；但實際上，我最後得到了一個怪物：「一個沒有志向、昂貴且無收入的怪物。」

在本書中，我將引導你完成一個八步驟的框架，我將其稱之為「你的品牌藍圖」。這個藍圖並不是我「創造」的，而是結合我過去七年的經驗以及與客戶的合作時，所獲得東西；而這藍圖的關鍵在於，每一個步驟都環環相扣，所以，如果前一個步驟沒有確實完成，就會影響後面的所有步驟。

換句話說，你可以把每個步驟都想成是電話號碼中的數字，就算你有全部都正確的數字，但只要有個數字在錯誤的位置，你就無法撥通電話。

接下來，我們將開始深入介紹這些步驟；不過，在此之前，我們先快速地概述一下每個概念。

你的品牌藍圖

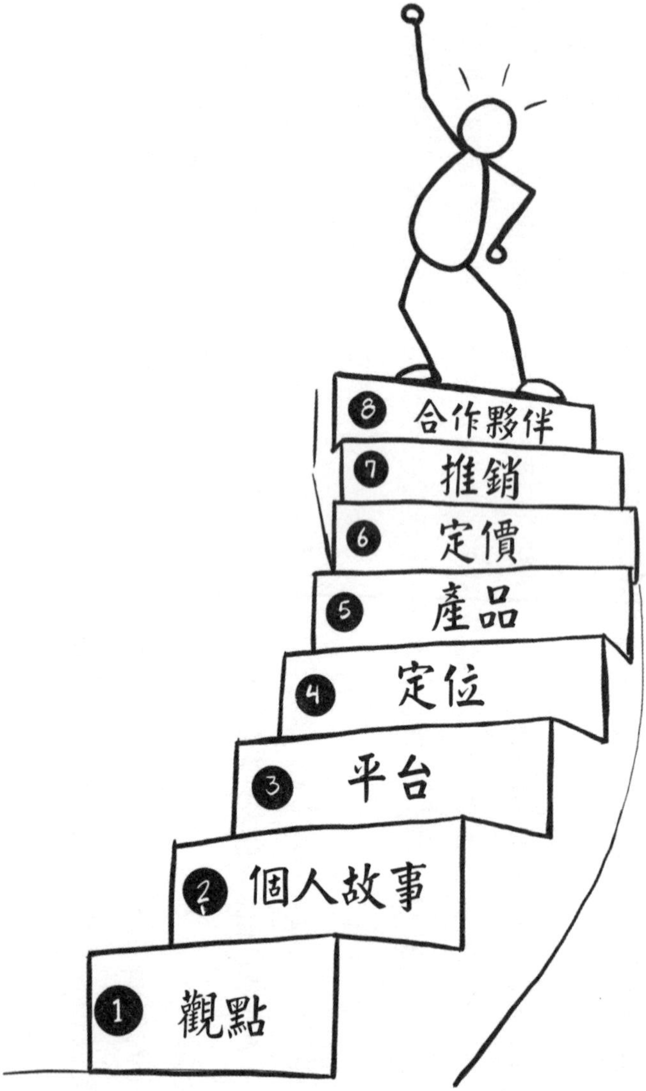

1. 觀點

如果你的品牌和資訊想有一線生機，只有一個方法可以實現：「你的內在」。我們將透過三個簡單的問題，了解你真正的內在，如此一來，你就可以建立一個明確且能脫穎而出的觀點；但如果你不是從內在出發，展現你豐富的才能，人們會覺得你沒有真實的目標。

2. 個人故事

這章節主要是為「你是誰」和「為什麼你要做這些事情」提供故事背景；在學完這步驟後，有三個故事你必須要能脫口而出，而且，這些故事通常會來自我們前一個步驟中所做的事情。然而，好消息是，這些故事都不是你的人生故事，所以你不用擔心要寫自傳，這些都只是簡單的故事，讓你與市場建立連結，並在競爭中脫穎而出。

3. 平台

第三個步驟是為「你的品牌建立一個平台」，無論是部落格、Podcast，還是社交媒體頻道都可以。我在前文中提及，有許多人在建立主題時都雜亂無章，這步驟就是第一個最常見的出錯點，換言之，你還不需要花錢買一個時髦的標誌或昂貴的網站。

在這個章節中，我們將討論你該使用哪些管道，並了解為什麼我選擇在這些頻道上，建立我的品牌。

4. 定位

你的定位是「取決於你在競爭中的優勢」，在這一章節中，不單只是劃分你的品牌是屬於「高端」還是「大眾市場」，我還會教你一個簡單的方法，讓你的品牌與眾不同，並教你一些額外的技巧，了解我如何利用我的定位，開闢新的市場和機會。

5. 產品

由凱文·科斯納（Kevin Costner）主演的一部老式棒球電影《夢幻成真》（*Field of Dreams*），因為一句經典台詞而聞名：「如果你建了棒球場，球隊就會來」（If you build it, they will come），這聽起來是個很好的假設；但是，當這句話用在建立產品和服務時，則完全錯誤，因為要賣出沒人想要的東西是相當困難的。

我將給你幾個簡單的例子，讓你驗證你的市場需要什麼，接著，我會告訴你如何在短時間內創造一些產品；此外，你還會學到如何成功打造個人品牌的「五部曲」，以及如何建立品牌與產品的連結。

6. 定價

我曾聽「SCORRE」的創始人肯·戴維斯（Ken Davis）講述他早期受到商業教訓的故事。在某次活動中，戴維斯演講完後，有位商人找到他，並希望戴維斯能到其公司演講；但是，戴維斯不知道該收多少錢，因此，他壓低了所有費用，以為這樣就能獲得演出機會，沒想到，那人回答說：「哦，我很抱歉。我們只僱用專業人士。」

哎喲！這故事告訴你為什麼「你的品牌藍圖」中的前幾個步驟相當重要，因為當你明確地知道你的定位和產品時，你的價格就更容易決定。另外，我們還會介紹一些簡單的策略，幫助你決定你的費用和價格。

7. 推銷

不是所有的推銷都一樣，有些是發電子郵件；有些則發佈在網站上；有些根據你的業務或產品，你可能需要透過電話或面對面的方式完成交易。

因此，「你的銷售策略會因產品不同而有所不同」，在本章中，我將展示一些行之有效的技巧，讓你在推銷時，能消除他人的猜測。

8. 合作夥伴

正如我朋友托德．赫曼（Todd Herman）所說：「人際關係如同火箭船。」（Relationships are rocket ships）

一旦你完成前面的步驟，你就處於吸引合作夥伴的首要位置，這些夥伴將幫助你獲得更多的曝光、增加你的粉絲，甚至為你銷售產品。另外，我將介紹策略夥伴的關係如何使你事業突飛猛進的內情，所以如果你能堅持到底，並建立一些關鍵的關係，你能獲得的成就是不可限量的。

成功並非一蹴可幾，而是循序漸進才取得的成就

從初創公司到數百萬美元的個人品牌企業，我都與他們一起使用過「你的品牌藍圖」，而當一個品牌或產品「發佈失敗」時，往往是因為前面的某個步驟出錯，所以，想一想：

1. 如果你建立一個沒有觀點或沒有個人故事的線上平台，你的網站就沒有內容，也沒有你要創建這事業的故事。
2. 如果你不決定你的定位，你就不知道要創造什麼樣的產品及如何定價。
3. 如果你不證實你的想法，你就不知道如何推銷，也不知道如何吸引願意幫你推廣的合作夥伴。

我從凱勒．威廉斯（Keller Williams）房地產帝國的創始人蓋瑞．凱勒（Gary Keller）那裡聽到這強而有力且非常重要的概念：「成功並非一蹴可幾，而是循序漸進才取得的成就」；換言之，你無法在一夕之間就建好你的事業；不過，「你的品牌藍圖」會引領你循序漸進地走向成功。

為了服務你想服務的人，你必須變成什麼樣的人？

我在科羅拉多州恍然大悟的那幾年過得並不放鬆；不過，那是段很值得回憶的日子，我相當感謝那幾年早期歲月，因為那些時光成就了今天的我，讓我能夠與你們分享這些見解。

你現在讀的是我的故事；不過，有天，你會講述你今天的故事，其他人也會因此受益。我向你保證，這相當值得！

不過，在你繼續前進之前，你必須先知道你在哪裡，所以，我向你提出採取這些步驟的挑戰：

1. 列出你在工作中所做的事情，你才能開始從不同的角度看待自己。
2. 停止在社交媒體上發佈任何你目前正在做的事情。
3. 認真考慮你要在健康、財富還是關係市場中發展。

然後，記下這些簡單問題的答案：「為了服務我想服務的人，我必須成為什麼樣的人？」、「你必須成為一位更優秀的溝通者、一個更有自我意識的人、一位領袖，還是一位勇於冒險的人？」

儘管這過程可能會讓人有點不舒服，但想清楚並寫出你是誰、你想要什麼，對於成為你想向他人推銷的人相當重要。畢竟，公信力不在教學中；而是在生活中。

接下來，我將告訴你個人品牌領域中的兩種企業家和未來。

繼續閱讀，讓我們更明確地了解你的目標。

第2章
實際創業家vs.思想創新者：你是哪一個？

幾年前，我姐姐以斯帖推薦了一本日本作家近藤麻理惠（Marie Kondo）的書籍，名為《怦然心動的人生整理魔法》（*Life-Changing Magic of Tidying Up*），這是一本讓你藉由檢查家中物品，整理你生活的書籍；換言之，如果物品在你心中能「產生快樂」，你就保留它；如果此物無法喚起那種感覺，那你就應該感謝這物品成為你生活中的一部分，然後，釋出此物（或像一般人說的那樣，把它扔進垃圾桶）。

當以斯帖告訴我這本書時，我難以置信地說：「等等，你是說我很髒嗎？」（很明顯，我覺得我並沒有這問題）。

你可能會說，近藤的書不僅僅是說明如何清潔你的房子或是整理你的生活，而是一本生活哲學書。因為，若只是一本名為《如何打掃你的房子》（*How To Clean Your House*）的書，會非常實用且直截了當地說明打掃方法，但這書不會賣得那麼好。畢竟，整潔是相當主觀的事情，因此，很難讓人掏出辛苦賺來的錢，解決自認為不存在的問題；但這就是近藤品牌的細微差別（或說輝煌之處）。

我前面提及，幾乎所有個人品牌的事業都屬於「健康、財富和關係」這三大市場之一；現在，是時候考慮，在市場中，你是兩類企業家中的哪一種，在選擇前，了解兩者間的區別很重要，因為它們的賺錢方式截然不同，且各自有明顯的優、劣勢，而這兩類企業家分別為：

1. 實際創業家
2. 思想創新者

1.「實際創業家」只教人們解決問題，或是為他人解決問題

「實際創業家」的好處是，人們可以很容易地了解創業家所要解決的問題，因為在網際網路的搜索引擎中，人們最常輸入的兩個詞彙就是「如何」以及「我要怎麼做」，而其解決方案通常是一步步的步驟或明確規定的方法。

然而，作為一位實際創業家的缺點是：「有很多競爭對手」，想想外面有多少在教他人如何健身、如何賺更多錢，或如何擁有更好關係的人。

2.「思想創新者」是試圖傳播他們特定的訊息、觀點或哲學

成為「思想創新者」的好處是，市場上不會有太多的競爭者，因為他們的想法通常都相當獨特；但缺點是，多數人可能都無法理解你的想法，或更糟的是，他們都認為不需要解決該問題。不過，思想創新者可能根本不是要解決實際的問題；通常，他們只是想提高他人對某個特定問題的意識。

假如，有兩位作者在同一間房間裡，一位是實際創業家、一位是思想創新者，那麼，實際創業家將撰寫一本和「課程」有關的書（就像你手中的這本書）；而思想創新者則會撰寫一本以「想法」為主的書籍，就像行銷大師賽斯・高汀（Seth Godin）的《紫牛》（*Purple Cow*）。

《紫牛》一書是在講述，人們需在產品加入一些驚人、反直覺或獨特的東西，使你的產品像「紫牛」一樣地顯眼、突出；但高汀並沒有在書中解釋如何實現，他只是給企業主一個簡單的訊息：「成為一位非凡的人！」

近藤的書後來成為暢銷書和電視連續劇，其精彩之處在於，比起實際創業家，她其實更像是一位思想創新者，因為僅管她是在教人們如何在生活中「產生快樂」，但她的方法讓人印象深刻。

她的方法其實是源於日本的「神道教」（Shintoism），加上日本人天生就重視極簡主義，因此，她的目標不是要創造乾淨的家；而是要幫助人們實現整潔的哲學生活，並享受整潔生活所

帶來的平靜。

商業化的途徑

許多思想創新者都會誤入歧途地以實際創業家的方式，建立自身事業或擴大其影響力。

作為一位實際創業家，你可以簡單地展示你的專業知識和解決能力，如果潛在客戶喜歡並信任你，你就能相對容易地完成銷售，所以，我比較像一位實際創業家，因為當個人品牌事業在行銷或銷售方面遇到困難時，他們聯繫我，希望我幫忙解決問題，而我就會教導他們「你的品牌藍圖」、為他們調整行銷資訊，並撰寫高轉化率的銷售頁面和電子郵件。這是一個簡單明瞭的過程。

若是一位思想創新者，在銷售的過程中，有個額外的步驟，就是你必須說服潛在客戶認同自己有這個問題。

讓我們回到近藤麻理惠，看看能否從她將想法商業化的故事中，獲得一些啟示。

使近藤一舉成名的書籍《怦然心動的人生整理魔法》首次出版是在二〇一〇年，而我們假設近藤在出版的一兩年前就寫好這本書。

根據各種採訪，近藤在寫這本書時，只是一名清潔顧問，並非是一個被大眾廣泛認可的品牌，這很重要，因為人們時常會說：「看看近藤麻理惠，她只要寫一本書，就『砰！』一下子成為當紅炸子雞，而且在Netflix上有一部自己的電視劇，還成為一個全球品牌，我也想要如此！」

但想想她在品牌塑造的過程裡花了多久時間，近藤二十多歲時，就開始做諮詢，但她的電視劇直到二〇一九年才播出，也就是在她出書**八年後**，才播出這部電視劇。因此，每當我為有抱負的思想創新者提供建議時，我都會告訴他們近藤麻理惠的故事，並親切但直接地詢問他們說：「你是否能如此長久地堅持這個想法？在你想法開始在市場裡發展的同時，你有其他維持生計的方法嗎？」

耐心就是力量！但不幸的是，大多數人都沒那麼有耐心。

不過，在我看來，近藤麻理惠做得相當好，正因如此，近藤的書籍和電視劇使她的知名度大增；此外，她公司還以「KonMari」的名義，創造各種品牌的產品，包括垃圾桶、收納箱和壁掛收納袋。（她在倡導生活整潔的同時，還能銷售大量的產品給你，這對我來說真是一種諷刺。）

另外，她還利用時間撰寫了其他書籍；而且，你甚至可以付費成為「KonMari」認證的清潔顧問；不過，近藤是到她職業生涯的後期才將哲學「產品化」，因此，她一路走來並不容易，成功並非一蹴而就。

你可能不喜歡和近藤麻理惠一樣，將你的想法產品化，那麼，讓我們看看另一位用她的想法做一些不同事情的思想創新者——布芮尼．布朗博士（Dr. Brené Brown）。

脆弱性的想法

大多數人都知道布芮尼．布朗是一位暢銷書作家，但她職業生涯中的大部分時間都在擔任專門研究勇氣、脆弱和羞愧感的研究員和大學教授，這麼多年來，布朗博士都一直默默地從事她的工作，直到二〇一〇年六月，她做了一個重大突破的決定——在TEDx演講。

在她的Netflix特別節目《喚起勇氣》（*The Call to Courage*）中，布朗博士說明，她的重大突破其實是個「意外」。當時，TEDx活動在休斯頓大學舉行，她原本打算做一個以資料佐證脆弱性的演講，也就是她多年來一直研究的主題，而且，她之前也已演講過幾次。

不過，在她飛往休斯頓的途中，她決定改變主題，改為談論她的個人脆弱之旅。在演講結束後，布朗博士感到非常不安，因為她在大眾面前表現出自己相當脆弱一面；但她自我安慰說這沒什麼大不了的，因為房間裡只有幾百人，其中還有許多是她的同事在聽她的演講；然而，令她驚訝的是（顯然也是驚恐），她的演講竟在網路上傳得沸沸揚揚，該影片獲得數以百萬計的瀏覽量，且吸引一窩蜂的網路酸民，對她說了許多可怕的評論。

正在舒緩自身憤恨的情緒時，布朗看到美國前總統西奧多．羅斯福（Teddy Roosevelt）的一段演講，啟發她撰寫出《脆弱的力量》（*Daring Greatly*）這本書。

「重要的不是評論者；不是指出強者如何跌倒的人，也不是指出實作者哪裡可以做得更好的人。功勞是屬於真正在競技場上的人，他的臉沾滿灰塵、汗水和鮮血；但他勇敢地努力，儘管努力可能會有錯誤和缺點，儘管他犯錯，儘管他一次又一次地失敗；但他依然努力地做這件事情，因為他知道偉大的熱情、偉大的奉獻精神，他為有價值的事業獻出自己；在最好的情況下，他能獲得輝煌的成就；而就算是最壞的情況，就算他失敗了，也是大膽的失敗，因此，他永遠不會與那些既不知道勝利，也不知道失敗的膽怯靈魂在一起。」

——西奧多・羅斯福

後來，這本《脆弱的力量》賣出了二百多萬冊，而且數量還不斷在增加中。另外，布朗博士還根據羅斯福的研究創建了一個名為「The Daring Way™」的認證項目，旨在為個人、夫婦、家庭和團體提供服務。

隨著她個人品牌的發展，她的演講和諮詢費用都很可能增加。（其實我應該知道，因為幾年前，我曾試圖代表一位客戶僱用她。）

布朗博士的獨到之處在於，她能用一種與他人溝通的方式，讓他人了解問題，並傳播她的想法。畢竟，大多數人不會在早晨醒來時說：「今天是我更大膽生活的好日子！」因此，她不僅向人們說明他們不常思考的問題（脆弱和羞恥），更提出了一個解決方案。

在他們的空間裡，以自己的節奏進行

無論你是「實際創業家」還是「思想創新者」，有時候，將你專業的知識轉化為某種形式（錄製影片、音樂、書籍、部落格等）是很重要的，因為，如此一來，人們就可以在空閒時，吸收你的想法；換言之，正如我喜歡說的：「在他們自己的節奏和空間中進行。」

讓我詳細說明一下。

我的幾位朋友都是諮詢師，他們每天都陪諮詢者經歷令人難以置信且極具挑戰性的問題，比如成癮、離婚、創傷等等。有天，其中一位我的諮詢師朋友打電話給我，她詢問我，她是否應該創建一個虛擬輔導小組，幫助人們渡過離婚的難關；為了創建該小組，她有持續關注談論銷售線上課程可以賺多少錢的線上行銷人員，因為她想在幫助更多的人的同時，增加自己的收入。

我立刻阻止她的想法，因為這是典型意圖正確但商業模式錯誤的例子。你可能會說：「但邁克，這明顯是個需要解決的問題，因為教導怎麼離婚很重要！」是的，但不是每個問題都能用同一種方式解決，畢竟正在經歷離婚的人，並不會購買線上課程或加入團體輔導計畫，因為這是一個極其私密的問題！

想像一下，有人和配偶在關係不和的情況下，用信用卡刷了一筆四百九十七美元的費用，加入一個離婚輔導小組，當他配偶在銀行帳單上看到這筆費用時，會作何感想。（祝你能解釋清楚。）

幾年前，我經歷了一次痛苦的離婚，閱讀約八本不同的書籍，並上網看無數有關離婚的影片，但我從來沒有購買過任何線上課程或加入任何輔導小組，因為對我來說，這個問題太私人了。

因此，當涉及到離婚、吸毒成癮、虐待、心理健康、脆弱的力量以及整理你的房子等這類型的主題時，通常最好讓人們在自己的空間裡，以自己的節奏向他人傳達想法。

後來，我建議我朋友創建「基礎內容」（cornerstone content），比如，一個標誌性的演講、方法論或是框架，如此一來，她就可以發佈在網路上、出版一本小書，或是在播客中講授課程，而這將是她幫助人們理解和解決離婚的具體方法，之後，她的想法就能在市場中擴散，且會發展出一批不僅會購買她服務，還會購買附有她標誌性框架產品的聽眾。

而這就是布芮尼·布朗不經意所歷經的故事，也許有人和朋友一起邊吃爆米花、邊喝啤酒，邊聆聽布朗博士的演講；但我敢打賭大多數人是獨自觀看演講，後來，就有許多人獨自閱讀她的書、獨自聽她的播客，彷彿「布芮尼」（許多她最狂熱的粉絲都是直呼其名）是位沉默的朋友，陪伴許多人渡過人生艱難時期。

這就是為什麼許多成功的思想創新者會寫書、主持播客或是發表演講，因此，成功是有跡可循的。

讓我們逆向分析一下，近藤麻理惠和布芮尼·布朗這兩位思想創新者身上有什麼成功的特質，他們有什麼共通點？

他們長年累月地堅信自己的想法、觀點和哲學。

當他們向市場發表想法的同時，他們還用其他方式將自己的專業知識商業化——近藤仍繼續做諮詢，而布朗博士則仍在授課、諮詢和寫作。

他們以媒介的方式傳達想法，讓人們可以在自己的空間裡，以自己的節奏了解他們的想法。

他們的工作使他們能在更大的平台上推廣，讓他們獲得更龐大的曝光——近藤在 Netflix 上曝光，而布朗則在 TED 演講中曝光。

我們先在這裡喘口氣，回顧一下，我們應該思考的幾件事。

首先，你必須決定你要在健康、財富還是關係的市場中發展（我必須說，近藤和布朗博士都屬於健康和保健市場；另外，布朗博士的工作也會觸及到關係領域，因為脆弱性在人與人的關係中至關重要。）。第二，你應該更佳清楚自己是實際創業家還是思想創新者。

現在，讓我們把注意力轉向你是要進行縱向還是橫向聚焦。

兩種聚焦型態：縱向或橫向

前段時間，我在播客中採訪了行銷專家伊莉絲．貝農（Ilise Benun），並發現她的方法對於細分市場相當有用。貝農更喜歡使用「聚焦」（focus）這詞而非「利基」（niche）來框定市場，而這種看待問題的方式相當好。

「聚焦」可以分為兩種方式，以運用在你的事業上：

1. 縱向聚焦
2. 橫向聚焦

縱向聚焦與特定類型的客戶或行業有關。

商業人士時常使用這個術語，而且他們通常將其縮寫為「縱向」（vertical），比如，有一間行銷公司的口號是「我們幫您把事情做好，甚至做得更好」，那麼，他們的垂直聚焦可能是非營利組織，但這仍然是一個非常廣泛的聚焦（有數百種非營利組織），不過，很明顯地，他們只為非營利組織服務。

行銷公司會提供一系列不同的服務，從標誌設計、網站設計到社群網路廣告都有，這些都是不同的專業；但如果你有明確的縱向聚焦，只要有對的人來找你，你就可以提供「從A到Z開頭」

的各式產品和一站式服務。

橫向聚焦與你在多個行業中，都提供單一產品或服務有關。

也許你設計的網站幾乎涵蓋整個縱向領域；也許你為各類型的企業提供自由寫作，比如，我的朋友馬克．斯特恩（Mark Stern）發展的事業，就是為各類型的商業活動制定「禮品」盒，其內容物包含杯子、T恤和小冊子，他的產品很單一，但橫跨各個縱向領域。

在我早期的諮詢生涯中，我的聚焦在「任何付費者」，我的客戶名單包含：一位集資顧問、一位公眾演講培訓師、一位家庭法律師和一位擁有A級名人客戶的比佛利山莊高端口腔外科診所；從名單中可知，我並沒有進行聚焦發展，我感覺我有四位不同的老闆，因為，我確實有。

後來，我意識到了這點，就將注意力集中在縱向聚焦：「商業思想領袖」。而我的橫向聚焦則包含兩件事：「品牌策略」（我將為他們提供行銷活動的建議）或「撰寫發佈產品的文案」（撰寫高轉化率的銷售頁面、廣告和其他能直接得到回應的素材）。

在縮小聚焦後，不僅讓我收入飆升，而且使我重新找回理智，因此，當你交叉使用橫向聚焦和縱向聚焦時，就像是槍支的十字瞄準線：「你知道誰是你的目標以及如何準確地與他們接觸。」

對自己要有耐心，因為縮小聚焦是個比我們任何人所想都還要漫長的過程。

我再讓你思考一件事，因為這對我有令人難以置信的幫助。

人口統計學 vs. 心理統計學

在我從事副業的早期（記得當時我正在做全職工作，並在摸索我想做什麼），我參加了一個有關辨別你的「化身」（avatar）或理想客戶的外地研討會，演講者問了我們一堆無益的問題，比如，你的理想客戶的年紀範圍？他們賺多少錢？他們有多少個孩子？他們開什麼車？

但我認為這都是廢話，因為這些問題都太過理論了，如果我知道答案，我就不會坐在那裡了！時至今日，我還是相當討厭化身練習，因為當一位有抱負的企業家都還不知道自己的身份時，你不能問他，他的理想客戶是誰。

如果你已有一個比較成熟的事業，化身練習相當良好；但對於那些剛起步的人來說，這練習會令人相當沮喪。

這就是因為研討會上的演講者不了解「人口統計學」和「心理統計學」之間的區別，化身練習對許多零售企業來說很好，因為他們的顧客一般是由人口統計學定義的，比如，他們的年齡、性別、收入、家庭狀況、教育等等；但在個人品牌領域裡，大多數人都是根據**心理統計學**，與他人打交道，比如，根據人們的態度、願望和其他心理標準，進行分類；換言之，擁有個人品牌者會根據人們的思維方式與他們打交道。

活動結束後，我在回家的飛機上，拿出我的筆記本，決定要弄清楚誰是我的理想客戶；但經濟艙的座位太小，我雙腿的空間不夠（我身高六英尺三英寸〔約一百九十公分〕），這可能使我火氣更大，因此，我開始對所有的事情都很煩躁，包含研討會、我的事業沒有明確目標，以及我的膝蓋壓在前座的椅背上。

於是，在沮喪的憤怒中，我的思緒開始流動，並潦草地寫下了我理想客戶的幾個特徵：

1. 會採取行動的人
2. 願意投資自己的人
3. 願意承擔風險的人
4. 不會找藉口的人
5. 不認為投資是支出或損失的人

在一個的清醒時刻，這些特徵點醒了我，原來我想合作的人就是兩年前的我。

兩年前，我辭去在康乃狄格州的音樂總監工作，在通勤時，不用再聽到男人間閒聊的節目（也被稱為體育廣播電台），而是沉浸在商業和領導力的播客中。

我的書架上沒有體育雜誌，而是擺滿有關市場行銷、創業和個人發展的書籍；我利用休假期間參加研討會，以擴大我的人脈和學習新事物（在研討會中，我遇到許多支持這本書的人）。

當你投資於自己時，遊戲對你越有利，因為你決定了回報，所以，趕緊閱讀這本書，學習、成長，並為自己的發展投入時間和金錢，因為你可能就是你自己的理想客戶，如果有一個、幾百、幾千、幾萬，甚至幾百萬個，或是更多的你，你難道不想和自己這樣的人合作嗎？

如果你不清楚你的理想客戶，而一直感到沮喪時，你可以考慮從心理統計學的角度切入，重新劃分市場。畢竟，在個人發展的研討會上，你經常會發現二十三歲和七十三歲的人都坐在一起。

不過，這並不表示人口統計學和心理統計學互斥，因為你可能會想與二十幾歲保有成長心態或是七十幾歲想寫書的人合作，比如，我的朋友達納．馬爾斯泰夫（Dana Malstaff）是「老闆娘」（Boss Mom）的創始人，她幫忙許多媽媽「養育孩子和事業」，很明顯地，在馬爾斯泰夫的受眾中，人口統計學和心理統計學間存在著交叉。

我的重點是，我們往往忽略了後者，而我無法表達當時我知道人口統計學和心理統計學同時存在於受眾時，我有多麼震驚。

個人品牌之路

關於建立個人品牌事業最獨特（和挑戰）的事情之一就是，你不能只是「買」一個個人品牌。你無法在 eBay 或 Craigslist 上獲得某人的影響力，例如，即使你能獲得近藤麻理惠或布芮尼．布朗的智慧財產權、客戶資料庫和社群媒體的帳號，你還是無法「購買」他們的個人品牌事業，因此，在建立個人品牌事業時，每個人都是從零開始的。

當我詢問人們為什麼想要建立個人品牌事業時，許多人都以有影響力且看似有美好生活的人為例，我後來將其稱為「隨心所欲之地」（The Land of Whatever I Want）。

他們常常會提到德威恩．強森（巨石強森）（Dwayne "The Rock" Johnson）、蓋瑞．范納洽（Gary Vaynerchuk）或喬．羅根（Joe Rogan）這些看似可以做任何他們想做的事情來賺錢；但大多數人都不知道，這條通往這些人和其他具有影響力的人的道路，都必經一個孤獨的地方，我將其稱為「聚焦低谷」（Valley of Focus）。

請允許我解釋一下。

也就是說，當你開始撰寫部落格文章、在社交媒體上分享鼓舞人心的名言，或是經營一個全新的播客來開始你的旅程時，通常都似乎沒有人在聽。（這很正常。）

此外，你的朋友、家人和同事會對你所做的事情感到困惑，甚至有些人會停止他在網路上對你的關注；這時，你會感到比以前更孤獨，歡迎來到「聚焦低谷」，朋友！

在聚焦低谷中，你把所有隨機的念頭都濃縮為一個想法、主題或市場，然後，你決定自己是要專注於健康、財富，還是關係市場；此外，你還可以進一步地縮小你的聚焦，以決定你要在你特定的市場裡做什麼；這很痛苦，因為你對許多事物都有熱忱；但你也知道，這就像舞蹈俱樂部一樣，你不能播放五種不同類型的音樂，以期能吸引各種顧客到你的機構。（舞廳音樂和重金屬音樂就是無法融合。）

當我開始專注於商業和行銷時，大多數（我猜大約百分之九十！）因為我音樂總監職位而認識我的人，都取消對我網路的關注；因此，儘管我與他們無關了，我還是必須做出決定——我是繼續走這條路，還是改變我的想法？

隨著你聚焦的範圍變得越來越狹窄，一些有趣的事情發生了：你會因為一些事情而聞名，然後，最終只專注於一、兩件事情。

之後，你會吸引其他也有追隨者的具有影響力的人，這些有影響力的人可能會僱用你，或請你向他們的聽眾介紹你的專業領域，接著，他們的有些追隨者就會開始關注你。

然後，其他有影響力的人看到你與第一位有影響力的人聯繫後，就會認可你，並希望你也向

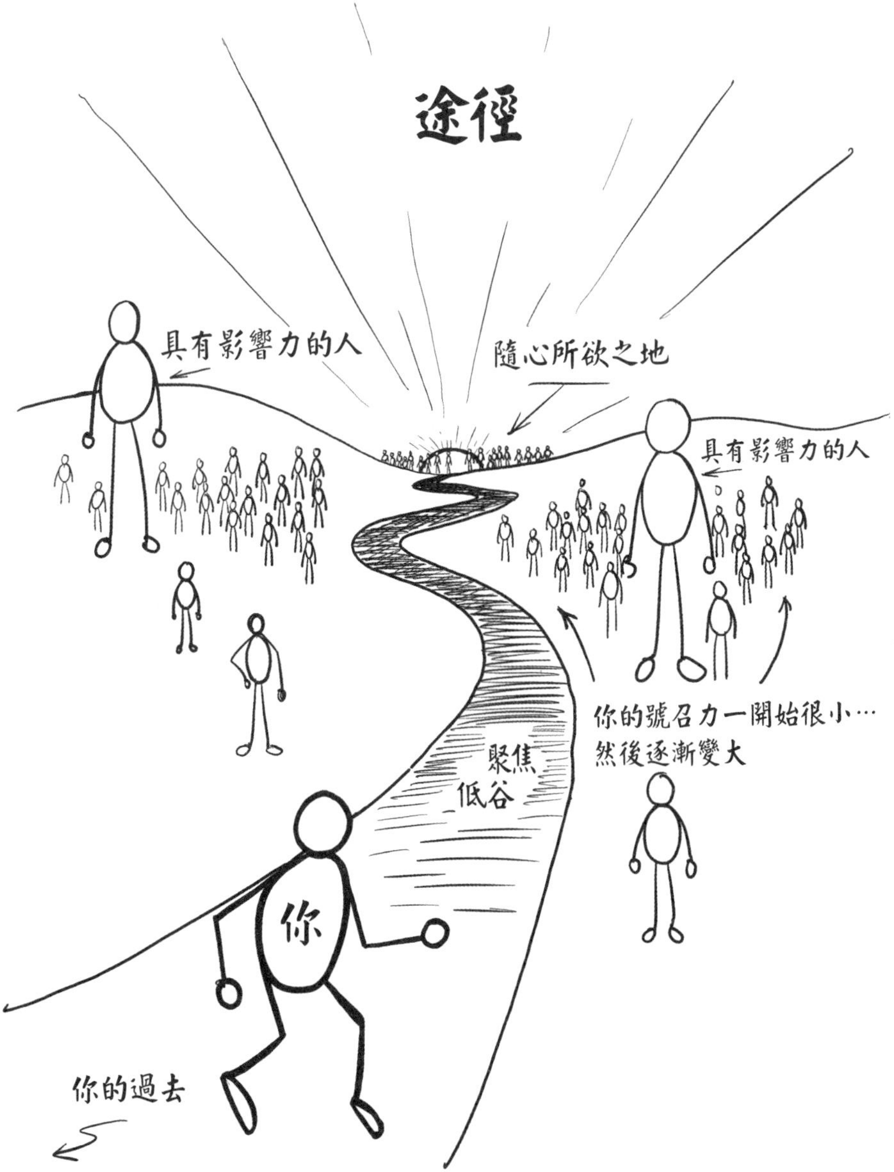
途徑
具有影響力的人
隨心所欲之地
具有影響力的人
你的號召力一開始很小…
然後逐漸變大
聚焦
低谷
你
你的過去

他們的聽眾發表演講，接下來，砰！過程開始重複，你會獲得更多的追隨者！接下來，你就會繼續成長，成為一顆冉冉升起的新星；同時，你也會有一群忠實聽眾。

隨著時間的推移，你的聽眾之所以會不斷追隨你，不僅是因為你的專業，而是因為「你」這個人；同樣地，你不只是在建立一個品牌，而是正在成為你的品牌；正如我前面所提，你正在建立一個人們可以聚集在一起的篝火。

因為你有聚焦，你工作的質量就會提高，你會確立你的專業知識，人們的生活也會因你而改變，你的頭號粉絲會成為超級粉絲，他們會很高興地跟隨你一起追求未來的任何事務，而當你有足夠多的這樣的人時，他們就會幫你達到「隨心所欲之地」，並留在那裡。

「巨石強森」可以做任何事情，對嗎？

德威恩．強森（巨石強森）是這一代最知名的動作明星之一；可是，這幾十年來，他一直是一位職業摔跤手，其實是他的聚焦低谷，因為強森原本想成為一名美式足球運動員，但從未進入美國國家美式足球聯盟（NFL），他童年的夢想因此破滅；之後，強森才轉而投入職業摔跤（他的父親和祖父也是摔跤手），最終，他成為該行業最知名的明星之一，並被稱為「巨石強森」（The Rock）。

強森因為在摔跤界的知名度，開始慢慢獲得飾演一些電影角色，當他離開摔角業，全職從事演藝工作時，許多摔跤迷都認為他「出賣自己」，因為並非所有人都喜歡看他演戲，但儘管如此，他還是有足夠的觀眾，因此，他拍攝的電影還是賣得很好；後來，強森還後來出演《玩命關頭》（*The Fast*）和《野蠻遊戲》（*Jumanji*）等鉅資打造的電影。

他在社交媒體上，眾多的粉絲足以展示他的影響力，他也因此獲得運動服裝公司「Under Armour」的代言和擁有自己龍舌蘭酒的品牌

是的，巨石似乎可以做任何他想做的事，但他的成年禮是在成為職業足球運動員失敗後，在摔跤場上度過的幾十年，而且他在職業摔跤界也不是一位迅速走紅的明星，如果你上網查詢他早期的比賽，你會發現，一開始許多球迷都很討厭他，幾乎沒人能想像，他會成為摔角業最知名的明星之一，然後，最終，成為世界上最有名的名人之一。

此外，前面我提及的其他有影響力的人也走過「聚焦低谷」之路，比如歐普拉・溫芙蕾（Oprah Winfrey）最初是某地區晚間新聞的聯合主持人；蓋瑞・范納洽在默默無聞時，銷售了多年的葡萄酒；喬・羅根最初是一名電視節目主持人和混合武術的評論家，後來，他累積了一批粉絲，並主持世界上最受歡迎之一的播客，在那裡，他似乎在談論（你猜對了）任何他想要的東西。

繼續走在道路上

你可能不想成為和像我提及的名人那樣有名，或是說處於一個可以「為所欲為」的地位；但是，了解建立個人品牌事業是個長期的遊戲相當重要，正如你所見，許多人（甚至是非名人）都走過這條路，因此，問題不在名氣，而在於聚焦。

現在的關鍵是縮小你聚焦的事物，才能吸引那些為了特定目的來找你的客戶，一段時間後，你可能已經吸引一批追隨者，然後，隨著你與這些人關係的增長，其中一小部分人可能會跟隨你進入任何的新事業。

當我們進入「你的品牌藍圖」的第一步時，就必須了解思路清晰是有深淺的細微差別，它不會一下子到來，但它終究會到來。

現在，請思考一下你是一位實際創業家，還是一位思想創新者，你是喜歡橫向聚焦？縱向聚焦？還是兩者的混合？區分人口統計學和心理統計學是否能讓你獲得一些更有用的資訊？

現在，你知道這條道路對你的要求是什麼了吧？它是不容易的。你將會面臨挑戰；但如果你想繼續前進，就讓我們邁出「你的品牌藍圖」的第一步——你的觀點（Point of View）。

第二部分

你的品牌藍圖

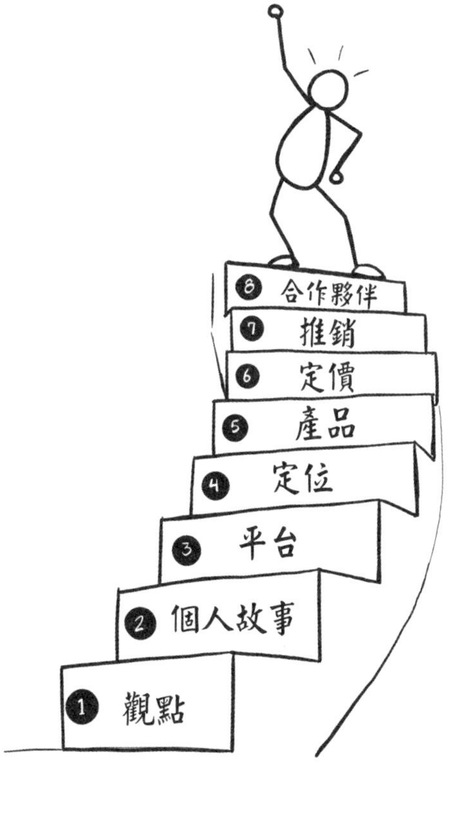

第3章 觀點：The PB3

在我從事銷售和市場行銷的第一份工作中，我學到的是：「說謊」。老實說，在我大學二年級時，我整個下學期都請假，因為我沒錢上學，因此，我們計劃找一份會比在新澤西州餐廳打雜更加分的工作放在我的履歷上。

那時，人們會在《星期日》（*Sunday*）的報紙上尋找工作；有一天，我看到了一個電話行銷的兼職工作，雖然銷售相關的工作從來都不吸引我，不過，這廣告說他們會培訓我，而且除了每小時支付基本工資，還會根據我的銷售紀錄，給我每筆銷售的佣金，這酬勞真的很不錯，而且令我驚訝的是，原來我很適合做電話行銷，因為我的名字每天都會出現在「前三名」的銷售排行榜上。

但不幸的是，我所做的一切都是在說謊；如果說有什麼情境是上級主管認為說謊是件合理的事，那就是這種情況了，我被鼓勵說謊、被訓練說謊，甚至被期望說謊，因為這些都是這份銷售工作的必備事宜。

我所在的是一間向工廠出售一種工業清潔洗滌劑的公司，而我們的潛在客戶是工廠的領班，他們的名字被收集在全國各種貿易展的卡片上（這可能是個謊言，該公司很可能買了一個郵寄名單，但這是他們跟我說的原話）。

我必須遵循一個固定的電話行銷步驟和腳本進行銷售，首先，我撥通一家工廠的電話，並聲稱自己是回撥該工廠領班的電話，如果領班有接電話，我就會問他是否希望我們滿足他的需求——送上我們產品的樣品；然而，感到困惑的領班往往會回答說：「我不記得我有要過樣品。」然後，我必須說的回答是：「也許是你底下的職員或同事在貿易展上給我們你的資訊，但真的很推薦你試用，你會發現這真的很有用。」然後，我就會開始向他們介紹產品。

如果他訂購了，我就會說我的傳真機壞了，並告訴他我必須走到辦公室對面的另一台傳真機上接收他的訂單，接著，我就會要求他在我們還在講電話時，就把訂單傳真給我；所以，傳真機根本沒壞，只是因為我們想要他馬上傳訂單給我們，因為領班很容易在掛電話後，忘記傳真。

除了這些謊言外，我的名字甚至也變成一個謊言！在我的姓氏第三次被唸成「King」而不是「Kim」之後，我就順其自然地叫自己「邁克爾．金」（Michael King），反正我打電話的地方幾乎都沒見過韓國人，因為韓國人都分散在美國的各個鄉村中，而且邁克爾．金這名字聽起來很酷，就好像我是《華爾街之狼》（*The Wolf of Wall Street*）中李奧納多．狄卡皮歐（Leonardo DiCaprio）的銷售鯊魚之一，或許這就是我銷售這麼好的原因。

不過，我沒有在那份工作待很久，因為在我堅硬的情感外表下，隱藏著深刻的是非觀念，很明顯地，不向他人說謊是我核心的價值觀之一，因此，這就是我辭去那份工作的原因，也是我開始學習「你的品牌藍圖」時，必須誠實的原因。

我喜歡好的品牌和行銷可以為你做的事情，但是，我討厭最善良的人和最聰明的頭腦都經常被忽視，只因為他們的品牌行銷不如他人；討厭偉大的產品和服務被忽略，只因其創造者不願意讓一隊大學二年級的學生，為了銷售而對傳真機的好壞撒謊；討厭當我告訴別人我是一名行銷人員時，我會感到一絲尷尬，不是因為我對這個職業感到尷尬，而是因為這個職業開始變得令人討厭。

半真半假、篡改事實和公然的謊言隨處可見，而且數不清的人花費相當於每年大學學費的錢在購買行銷課程；但這些課程都無法讓他們自由地運用行銷，反而使他們對創造這些課程的專家們產生不健康的依賴性。這些抱怨不僅僅是我對事情的感受，更是「你的品牌藍圖」的第一步——**你的觀點**。

表達（甚至擁有）自己的觀點，一開始可能會讓人感到不安，但如果你要以自己的身份創建事業，你不妨將觀點建立在你所熱衷的事情上。如果你只是想賺錢，有各種無窮無盡的賺錢方式，比如，開一間餐廳、炒房地產或是在網路上做一些奇怪的事情；但這行業截然不同，作為一個企業家已經很難了，如果你日復一日所做的事情不是源於你內心深處，你將無法持之以恆。

為了幫你了解自己內心深處的想法，我使用三個簡單的問題，我自己將其稱為「個人品牌3」（Personal Brand 3），或簡稱為「PB3」。（是的，我來自新紐澤西州，所以請原諒我這粗俗的取名）。

1. 什麼事物會讓你生氣？
2. 什麼會讓你心碎？
3. 你想解決什麼大難題？

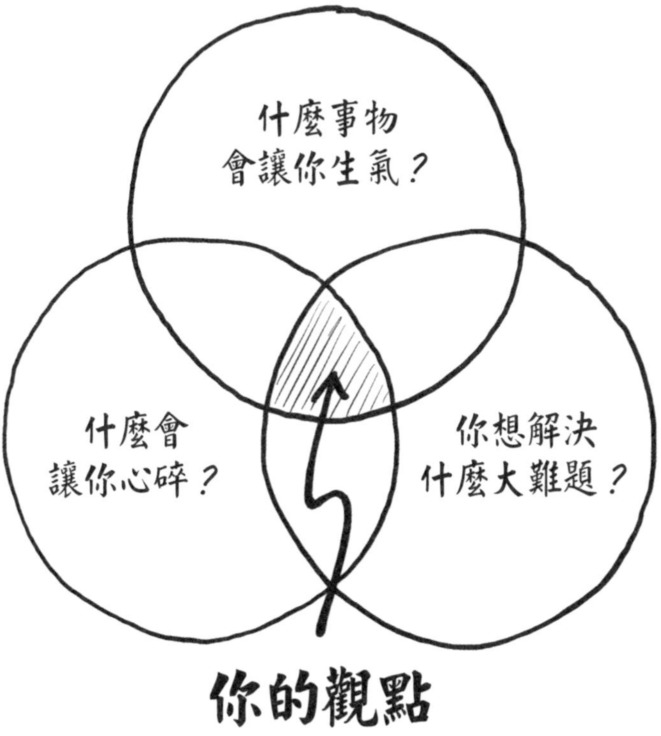
什麼事物
會讓你生氣？
什麼會
讓你心碎？
你想解決
什麼大難題？
你的觀點

問題1是有關你在世界中看到的不公平現象。

問題2是有關你內心的同情心。

問題3是你事業的目的。

綜合這三項的答案就是你的觀點，換言之，就是找一個會讓你生氣的問題，想辦法解決它，並通過解決它獲得報酬，因為以最簡單的方式來說，**商業無非就是透過解決問題，以獲取利潤**；但創建品牌則相當複雜，尤其是在個人品牌領域。

大多數人都認為，簡單明瞭地傳遞資訊就足以蓋過其他聲浪；然而，這說法並不完全正確，因為儘管這對企業可能很實用，但對於個人品牌事業則不是如此；想像一下，在你聽完一場引人入勝、改變人生的演講後，走到一位演講者面前，並問她說：「你為什麼會進入演講這個領域？」

她回答說：「我還算相信我所分享的東西，但我真的只是為了賺錢。」

聽了很討厭，對吧？

不過，你可能會說：「邁克，我不是要推翻政府；不是要創建一個新宗教；也不是要改變一個行業，我只是想辭去我這份糟糕的工作。」儘管如此，賺錢這個出發點可能對現在的你來說很好；但如果你想要在這一行取得長期的成功，你真的需要一個觀點。

當你閒暇時，想想我是怎麼寫這一章的開頭，這電話銷售的故事燃起我對行銷的熱愛，但也激起我對好人因不會行銷而被拋棄的憎恨，我故意用「憎恨」這個詞來表達我的憤怒，因為我就是試圖用這本書幫你解決這問題，所以我用背景（我的故事）為內容（我在本書中與你分享的技巧）提供了框架，正如俗語所說：「內容很重要，但背景更重要。」

讓我們再深入一點地介紹，接下來，我將分享更多我自己的歷程，讓你獲得具體使用 PB3 的例子，並嘗試運用 PB3 實現你的目標。

轉折點

二〇一三年，我的母親、姐姐和姐夫都來我的公寓一起慶祝感恩節，這是我第一次主持感恩節，因此，我非常開心也相當期待大家的到來。凌晨一點時，其他人都睡著了，於是，我和我媽媽開始喝酒，一直喝到深夜（這是韓國人的好習慣），這是我第一次與媽媽一起喝完整個烈酒，接著，哇！各種另類的故事開始展開，我把她粗劣的英語整理了一下，希望你能看懂：

「邁克，當我十幾歲在韓國時，我和我妹妹在我父親睡著後，從櫃子裡拿走他的威士忌，然後，一起偷偷溜出家門，跑到街上的朋友家一起喝酒喝到醉；回家後，當我們把空酒瓶回給他時，他還以為是他自己喝光的！」

「邁克，當你還是嬰兒時，有天晚上，一些朋友來家裡作客；突然，你哭了，因為你在長牙，於是，你父親就在你的牙齦上塗抹了一些威士忌，結果，你馬上就睡著了，而且睡了整整一個晚上！我們很擔心，因為你變紅了，不過，你活下來了，所以沒事，因此，你第一次喝醉，是在你還是個嬰兒的時候！」（題外話：什麼……？）

「邁克，我年輕的時候，沒有約會網站，所以我們認識其他人的唯一方式就是──相親，那時，有一位我的朋友要去相親，但她不敢一個人去，所以我們幾個人就都一起去她要相親的餐廳，然後，坐在另一桌窺探他們，一位身上有很多毛且很矮的男子蹣跚地走進來，他看起來像一隻熊貓，所以我們就幫他取了一個綽號叫作熊貓歐巴（『歐巴』在韓語中是哥哥的意思），結果，我朋友與那位男子相談甚歡，整晚都在笑，後來，第二年她就休學，嫁給那位熊貓歐巴，然後就消失了！這就是我們當時的約會方式：只要嫁給一個能讓你笑、對你好的好男人。時至今日，他們仍在一起，而且非常幸福！」

你可以想像我對這次談話的反應：在知道我母親曾做過壞事時，我感到大為震驚，且捧腹大笑，然後相當感謝我在童年時期存活下來。當時，我真的很想繼續和她一起熬夜，繼續喝上幾個小時；但是有個小問題，就是隔天我必須去上班──黑色星期五。

當時，我在紐約市外的一間教育公司擔任首席行銷長，黑色星期五那天我不得不去上班，因此，我把家人留在自己的家裡，然後，我往北開車，開了約一個小時到辦公室，這件事情真的讓我非常生氣，因此，各式各樣的想法在我腦中閃過，如果我的母親在回家的路上出車禍怎麼辦？這會不會是最後一天我和母親開心的談話？為什麼是別人決定我可以和我所愛的人在一起的日子？每週工作六十個小時還不夠嗎？（這是不夠的，因為我從來不覺得這樣夠。）

你有沒有注意到，當涉及到做更多的工作時，人們很少幫你說「不」？因此，這對我來說是個不公平的現象，於是我瘋狂地激勵自己創建個人事業，絕不讓任何人控制我什麼時候可以和我所愛的人在一起，然後，我辭去那份工作，並花費十八個月的時間，全職投入自己的事業。

每當有人問我為什麼要創業時，我都會講這個感恩節的故事，我曾在播客、各種採訪和舞台上分享過這個故事，而許多人也告訴我，這故事是他們最能產生共鳴的地方。

在我的市場行銷中，這個故事無處不在，像是重點摘要、網路研討會、社交媒體，還有這本書都能看到這個故事，所以這個故事可說是其中一個框定我對事業和生活觀點的東西。

接下來，讓我框定我觀點的第二個問題：「什麼會讓你心碎？」

什麼會讓我心碎

在我全職投入自己事業的一年後，我的朋友傑森．克萊門特（Jason Clement）和喬迪．馬伯里（Jody Maberry）在城裡和我一起參加一個商業會議，活動當天早上，我們開車沿著新澤西州北部最長道路之一的金德卡麥克路前進，這條路橫跨多個不同的城鎮，所以，在任何一個工作日的早晨，你沿途都會看到一個又一個公車站，擠滿了要去上班的人們。

那天是個悲慘的雨天，我記得我那時我說：「夥伴們，我們很幸運能做我們喜歡的事情，我為那些在這種糟糕天氣下，等公車的人們感到心碎，我敢打賭，大部分的那些人都並非真的喜歡他們的工作；或許，在那公車站等車的人們有大量的智慧、知識和洞察力，但無益於整個世界，因為他們被困在磨難中，他們痛苦地去工作，精疲力竭地回家，與家人偷閒、睡覺，然後，日復一日地重複這個循環；然而，世界並不會因此而變得更好！」

這不是一個為所欲為、品頭論足或居高臨下的評論，我說這話是因為我活了這麼多年，而那時，剛好有個關於殭屍的流行電視節目，叫做《陰屍路》（*The Walking Dead*），它讓我突然意識到，我們之中有許多人都像殭屍一樣地度過一生。這是件讓人相當心碎的事情。

當我早期在教育公司從事行銷工作時，我就經常與同事們交談，並討論他們真正想做的事情，這些人都是我所認識的人之中最聰明的人，他們畢業於柯柏聯盟學院、哥倫比亞大學和其他各種頂尖大學，他們只是不相信他們有能力（或甚至被允許）做任何不同的事情；此外，那些年，我也與同事和高中生進行了許多有關創造他們真正想要生活的談話。

現今，透過社交媒體的魔力，我偶爾會聽到一些我以前學生的消息，他們現在都長大了，有些人成為醫生、有些人開始做生意，有些人甚至已經結婚，不過，他們跟我說，他們仍記得我們經常進行的「人生對話」，並感謝我說他們至少有認識一個人，告訴他們要做自己想做的事，而不是別人告訴他們要做的事。

我想我在這本書中對你做了同樣的事情，我希望你能過上你想要的生活。《陰屍路》的故事傳達了我對服務對象的同情心，並框定了我的觀點。

如果我在任何形式的演講或行銷中分享這些故事，他們通常都會說有多少人是不快樂的在工作，以及為什麼做你喜歡和相信的工作相當重要。

你想解決什麼大難題？

現在你已經開始構思你的觀點，所以你可能會很想僱用一位行銷顧問，為你的網站或名片想出一些吸引人的廣告標語，但我強烈建議不要這麼做，換句話說，就是不要！

特別提到廣告標語，是因為我很訝異有許多人希望我幫他們想廣告標語，彷彿某種神奇的標語會讓他們在競爭中脫穎而出；但其實標語本身並沒有價值，而是標語的背景賦予了它意義。

在我們這一代，其中一個最流行的廣告標語就是耐克（Nike）公司的「Just Do It.」（做就對了！）但如果把同樣的廣告標語一字不漏地套用到甜甜圈或是跳傘公司，你會得到截然不同的資訊，所以記住，「內容很重要，但背景更重要」。

若以「廣告標語」來形容我的事業，我只會說：「我公司存在的目的是為了幫助人們開始經營和發展一個可獲利的個人品牌事業。」因此，這就是我想要解決的大難題。若要我多用幾個字形容的話，我會說：「我教授一個『八步藍圖』，並幫助你展示你獨特的專業知識，以建立一個高利潤且可以滿足自己的事業。」如果要用標語更深入地描述我的事業，這麼多年來，我在播客節目中說的最後一句話都是「活用你的知識、熱愛你的工作，在世界上留下你的印記」。

為了想出一個好的標語，我浪費了很多時間，但這些標語都不是呆坐在那只為想出聰明的口號而誕生，它們是來自於我觀點的形成、多年來創造的內容以及我幫助的客戶。雖然我時常懷疑是否有人僅僅因為這些廣告標語而僱用我，但其實，他們僱用我，是因為我對品牌和行銷有明確的觀點；是因為我創造的內容使我成為一個專家；是因為他們喜歡我的性格；是因為我有所成就，因此，當你看到你「PB3」的答案時，可能會對自己的發現感到相當驚訝，像我就是如此。

一段時間後，我又再重新審視自己對「PB3」的回答，使我對自身事業的看法有了很大的轉變，像是我從未說過，「你知道什麼惹我生氣嗎？非常糟糕的廣告！」、「你知道什麼讓我心碎嗎？醜陋的網站和漫畫體字型！」有些人在早晨醒來時，確實會因為不良的廣告而相當生氣，不過，你會發現這些都是在廣告公司工作的人，或是自由職業者，比如，我的朋友兼設計師傑森·克萊門特，而且，像克萊門特這樣的人是都在他們最適任的職位上，世界也因此變得更美好。

後來，我意識到我的事業比市場行銷或品牌推廣更有深度，回顧「PB3」，我了解到我不僅僅是一位行銷人員，我（我怎麼敢說？）更像是一位碰巧幫助人們成為企業家和推銷自己的生活教練，而這個領悟也讓我更有動力，要更加倍地努力幫助人們開始和發展個人品牌事業。

透過「PB3」形成你的觀點只是為了對自己誠實，因為我浪費了太多年的時間，都以「知足常樂」的名義埋葬了我真正的渴望；我們可能會對我們所擁有的東西心存感激，不過，我們仍會想要一些不同的東西；但是，當你不惜犧牲自己的誠信，以達到加倍感激時，那你真的會產生一種虛假的感激，使你脫離誠信。

生活因為緊張而精彩，不管是光明還是黑暗；是善還是惡；是快樂還是痛苦，我相當鼓勵並積極強化，因為我認為自己是一位富有同情心的人；但我們不可否認的是，衝突、痛苦和摩擦是令人難以置信的催化劑，試想如果你的輪胎和道路間沒有摩擦，你的車就無法開去任何地方，因此，摩擦是你的朋友。這就是為什麼我問你：「什麼讓你生氣？」

但是，當涉及到我們職業或是品牌形象的改變時，我們又該如何駕馭它呢？

虐待狂自拍的介

我得承認，這完全是「邁克．基姆」的發明，因為我從未聽過有人這樣做，而且我相信這種奇怪的策略只會源於我自己扭曲的思想，我將稱其為「虐待狂自拍」，而這是我在從事我一直告訴你的行銷工作時所做的。

請記住，我對我的工作一直都心存感激，因為我賺了很多錢、在公司裡很受尊重，而且在公司我學到許多寶貴的經驗；但我有時也相當悲慘，於是，我開始自拍（私下）那些悲慘時刻，以提醒自己，我並不那麼快樂：

看看這些照片！我希望有一天能有幸在大都會藝術博物館（The Metropolitan Museum of Art）的「現代生活方式」展覽中將其展

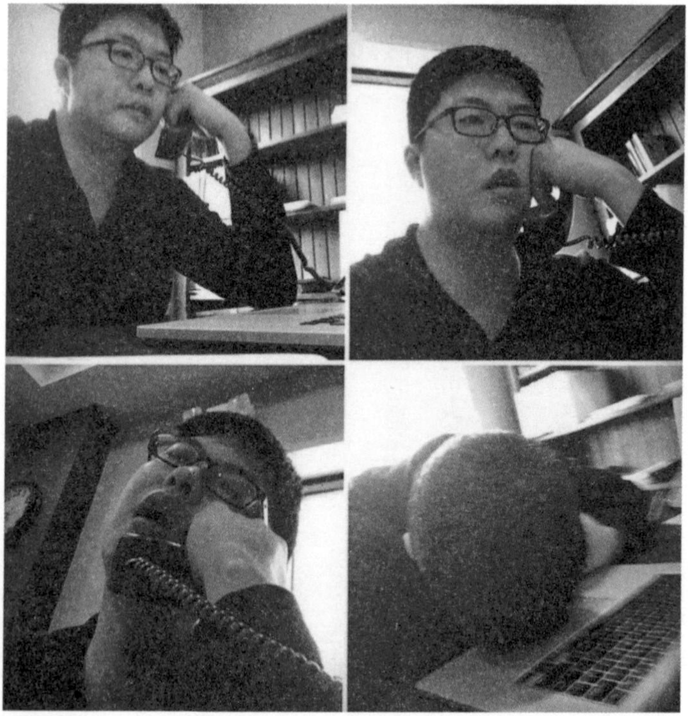

出，我把它命名為《電話會議的四階段死亡》（The 4 Stages of Death by Conference Call）。

每當我想放棄繼續經營自己的事業時，這些快照總能不斷地提醒我，要全心投入、繼續前進；每當我工作疲倦，想安於現狀時，我就會打開我的「虐待狂自拍」文件夾，好好地看一遍這些照片，而且我會故意在有趣的公司節日或聚會後這樣做，因為這些照片總是有辦法巧妙地引誘我繼續磨練，或是我發現自己在想，「嗯，這也不是那麼糟糕，我應該感謝我有這份工作！」時，我就會拿出我的虐待狂自拍。

雖然我已經全職投入於自己的事業很多年，但是，每當我在做一些浪費生命的工作時，比如，任何與技術、預算或記帳有關的工作時，我仍會使用這種策略，因為這些照片能幫我找到正確的幫助，並讓我繼續專注於我的事業，正如一位智者曾經說過，「生活中有兩樣東西可以激勵你——對痛苦的恐懼和對快樂的渴望」。

拍下這些照片吧，朋友！

對比的力量

也許你認為我是一位消極的人，因為我說了許多虐待狂自拍和摩擦的故事，並問你什麼會讓你生氣的這些主題；但我真正想做的是——透過對比，讓你更清晰地認識自己，因為對比有助於你更明確地認識和識別事物，並從中脫穎而出。（這就是我在台上演講時，從不穿黑色衣服的原因，因為大多數舞台都會用黑色的背景，而當你與背景融為一體時，就很難脫穎而出）。

想像一下，如果你的車子陷在雪地裡，但你沒有鏟子，你會怎麼做？你會向前開、向後開，然後再向前開、再後開，並同時轉動車輪，努力在路上的某個地方產生摩擦力；但如果你的能量只是一直流向同個方向；最終，你往往只是轉動了你的車輪，而沒有前進。

對立會產生對比，進而產生強大的突破。

舉一個例子：

原始答案：讓我生氣的是，別人決定我可以和家人在一起的日子。

對立：我創辦這個事業是因為我相信我應該對我的自由、時間和未來擁有個人所有權，並相信其他人也應該擁有同樣的所有權。

那麼，什麼讓你生氣？什麼讓你心碎？你想解決什麼大難題？你對「PB3」的回答將構成你個人故事的基礎，開心享受這過程，若你覺得有點迷茫是正常的，畢竟，清晰感是來自於改變和沉思的結合，我們不妨在轉換時適應一下吧！

第4章
個人故事：永遠不要成為「灰色混合物」

小時候，當我還是一個孩子時，我母親就陷入家庭果汁機的熱潮中；一開始，「The Juiceman」是熱門的果汁機之一，這產品從深夜的廣告資訊、雜誌到脫口秀節目都在宣傳；後來，健身大師傑克．拉蘭內（Jack LaLanne）推出一個與其競爭的產品，其稱之為「Power Juicer」，然後，拉蘭內利用自己個人品牌的力量，使這產品在眾多果汁機的競爭中脫穎而出。

我仍記得拉蘭內在電視上做了許多引體向上的動作，並表示他已經七十多歲之所以還能做這些動作，就是因為他喝了用「Power Juicer」果汁機榨出來的果汁，這就是個人品牌的力量！個人品牌可以讓人們做（或買）他們不會做的事情，儘管只是一個不知名，或沒什麼特別的東西，人們也會將個人品牌與該東西連結在一起。

在我們居住地附近有許多拉蘭內的健身俱樂部，所以，當我們要購買一台果汁機時，你可以肯定我母親一定會選擇「Power Juicer」的果汁機，因為她在電視上見過他無數次，因此對於拉蘭內這個品牌已經相當熟悉。

然而，我永遠不會忘記我母親第一次榨果汁給我喝，並強迫我要在去學校前把它喝完的情境；當時，我大概十歲左右；到現在，我仍然記得那果汁的味道有多難聞，我不太知道我母親那天在果汁裡放了什麼，是甜菜？蘿蔔？生菜？菠菜？還是我們後院的青苔？總之，那果汁的顏色有種奇特的灰色陰影，還有一絲棕色和一絲綠色的痕跡，我相信那果汁一定很營養，但它的味道真的不是很吸引人，而且很噁心。

自此之後，我一直試圖找一種方法來描述這種顏色，直到有天，我聽到我朋友肖恩．普利茲考（Sean Pritzkau）使用「灰色混合物」一詞，就是這個！現在，我把那種果汁的顏色稱為「灰色混合物」，而從這混合物中，我還學到建設品牌的一課——如果我們的行銷中沒有使用個人故事，那麼，我們的品牌看起來就是「灰色混合物」。

個人故事防止你成為灰色混合物

個人故事對你的品牌相當重要的原因是——故事會使你從人群中脫穎而出，而且，你故事的本質就是你獨特的銷售主張，因此，沒有人能與其競爭。漫步在離你最近書店裡的個人發展區，你可能會想，這些書的資訊真的都截然不同嗎？這些書的內容是否都獨樹一幟呢？我確信那些書架上會有些偉大的書籍，而真正使一本書從其他書中脫穎而出的是**撰寫書的人**，而非書籍本身。

正如我所說，如果我要用一句話來概括我對行銷的所有感受，那就會是——**行銷不是為了完成銷售，而是為了建立關係**。個人故事正是能讓你實現建立關係的方式。

到目前為止，我與你分享的個人故事已經讓你知道我為什麼要寫這本書，以及為什麼我對我工作如此熱衷的背景。在你的經歷裡會有些個人故事，也會對你產生同樣的作用。

編寫個人故事的日常方式

在我們討論你可以在行銷中使用哪些個人故事的類型前，先快速了解如何編寫這些故事。

我們時常認為偉大的故事是最傑出演說家或作家的天賦，但其實說故事比我們想像的還容易。下圖從希臘哲學家亞里士多德（Aristotle）對戲劇結構和故事的研究裡，直接改編而來的框架，看似簡單但極其重要。

任何一個好的故事都會與一個人物有關，然後，他會經歷一個誘發事件，接著，揭開此故事的其他部分，因此，在寫故事時，我們經常會因為進入「寫作模式」而妨礙自己原本工作，這並不奇怪。

生活中，我們在學校的大部分時間都被教導要寫文章，而不是寫故事，因此，當我們要在現實生活中分享故事時，我們自然而然地會從誘發事件開始說起，例如，有一位親人詢問你工作的狀況時，你可能會說這類型話：

1. 你絕對猜不到邁克．基姆那個白痴在今天的會議上做了什麼！唉！
2. 今天早上我從車裡出來時，我手機掉了，結果摔壞了！
3. 當我正要往門外走時，我的老闆把我拉進辦公室，而且，直截了當地問我想要多少錢，才願意擔任公司的首席行銷長！

我最喜歡的電視節目之一是有關野生動物的影片，像是《國家地理雜誌》（*National Geographic*）

那些老的節目，因為即使是那些影片也會講故事，比如，有一匹斑馬一如往常地在外面吃草，結果突然間，砰！牠被一群兇惡且飢腸轆轆的鬣狗包圍了，而這當然就是一個誘發事件。

誘發事件對講故事來說是至關重要，不過，如果你曾經在吃飯時，聽到有人在講故事，但你內心不斷地想說，「趕快進入重點」，那可能是因為他們花了太多時間在敘述誘發事件。

三種類型的個人故事

在你的行銷故事庫中，通常會有三種故事，但都不需要非常深入。講一個讓你放鬆的詞：個人故事不是你的**生活故事**。有許多人都過度考慮講故事的事情，因為他們都認為個人故事就意味著要撰寫一本自傳，然而，好消息是，沒有必要寫自傳！

通常，你的客戶和顧客對你人生的故事並不感興趣，他們只是想了解你的背景、你為什麼想做這份工作，以及你是否能幫他們解決問題，因此，以下是三種我建議你開始的個人故事：

1.創始人的故事／2.商業故事／3.客戶的故事

1. 創始人的故事：什麼使你生氣？什麼讓你心碎？

想寫出屬於自己的創始人故事，其關鍵就是簡單地使用「PB3 問題」的答案，像是「什麼使你生氣？」、「什麼讓你心碎？」

我的朋友兼籌資顧問瑪莉．瓦隆尼（Mary Valloni）在她的行銷中，按照我的方法實作，其效果相當好，因為無論你何時與瓦隆尼在一起，你都很快就會發現什麼事情會讓她生氣和傷心：由於非營利組織在籌措資金時遇到困難，因此，錯失幫助人們和他們事業的良機。

瓦隆尼寫道：

> 在北達科他大學就讀四年級時，我在大學部實習，主要負責監督他們籌資的工作，而我也因此籌集到他人對我個人支持，就在那時，我意識到我有多喜歡籌資！
>
> 我在一個大家庭中長大（是七個孩子中最小的一個！），而我父母不可能幫我們每個小孩支付所有我們想做事情的錢，因此，我很快就發現努力工作和發揮創造力能為我所參加的組織和活動籌集資金的價值，比如，我籌集資金，參加足球俱樂部，並和他們一起去旅行；籌資去參加學校的研討會和比賽，以及籌資參加傳教士的旅行。
>
> 雖然我最終沒有成為一名職業傳教士或是一名專業足球運動員，但我學到如何推銷和如何寫推薦文章的技能；如今，在我幫個人和組織發起以結果為導向的新籌資活動中，推銷和撰寫推薦文都是不可或缺的元素。

二〇〇一到二〇一四年期間，我有幸領導美國一些最大且最受尊敬的慈善組織進行籌資工作，組織包含，美國癌症協會、肌萎縮性脊髓側索硬化症協會和國際特殊奧林匹克組織。

那些年，對我和對與我一起工作的組織來說都是相當大的轉變，因為我們的收入因此增加了數千萬美元！

這是瓦隆尼的創始人故事；是她熱愛籌資的原因，更是她願意在各個組織中擔任工作人員，並工作多年的原因。

2. 商業故事：你試圖解決什麼大難題？

即使你只是單獨一位的企業家，你的商業故事也會說明你公司實際的背後「原因」，你可以介紹你是如何創建你的網站、你的播客，或是你諮詢服務的故事；你也可以用這類型的故事說明你為什麼要創造某種產品、某種專案或某種服務的背景。

要講述你商業故事最簡單方法之一就是將你「PB3 問題」（你要解決什麼大難題？）的答案與其誘發事件結合，就能構成一個你的商業故事。

以下是瓦隆尼一部分的商業故事，你可以明顯地知道誘發事件：

二〇一二年的夏天，在為美國癌症協會工作時，我的父親因罹患癌症而去世，讓我第一次感覺我離死亡可能也不遠了……因此，我開始改變我的生活；第二年，我辭去全職籌資的工作，並朝成為一位籌資顧問，開啟創業之旅。

二〇一四年，瑪麗・瓦隆尼諮詢公司誕生了，作為籌資顧問，我所撰寫的《籌資自由》（*Fundraising Freedom*）一書獲得亞馬遜暢銷書籍的殊榮，且排名第一；此外，我的播客《資金充裕的播客》（*The Fully Funded Podcast*），也擠入蘋果公司的十大籌資播客之一。

如此公開地談論失去父親的故事，需要很大的勇氣；但這正是瓦隆尼的故事會成功的原因，因為故事的內容很自然、很真實，且發自內心；反之，大多數人都會使用老套的行銷術語，比如，「我將幫你補救組織現況與期望模樣間的差距」，或是「我將明確地教導你如何提升你的事業、職業和生活水平」，這些字詞都沒有錯；但如果沒有個人故事，這些口號都只是灰色混合物。

瓦隆尼的故事是以誘發事件為基礎，所以她成功地穿過其他聲浪。

請注意，你故事中的誘發事件不一定要是一個災難性的事件，有時，誘發事件可以很簡單，比如，在某影片中，一句鼓舞人心的話語或是一個片段，只要讓你記憶猶新，都可以成為改變你的催化劑。

在瓦隆尼的創始人故事中，誘發事件只是她自願為當地大學籌資，這並不是一個相當引人注目的事件；而在她的商業故事中，誘發事件使人印象深刻；但不管何者，兩個事件都在她所傳達的資訊中，發揮至關重要的作用；因此，故事的關鍵是——無論誘發事件是什麼，你都要圍繞著誘發事件展開你的故事。

二〇一八年，瓦隆尼和我一起創辦一間名為「Fully Funded Academy」（FullyFundedAcademy.com）的培訓公司，這是一間透過培訓團隊，幫助非營利組織籌集更多資金的公司，當我們發表時，我們一定要講述這公司的商業故事：

瓦隆尼和我是因為一位共同好友而在某次的會議中認識，坐下來後，我們在會議手冊的背面繪製整個商業計劃，四個月後，我們就舉辦了第一次研討會。

時至今日，我們的客戶總想知道我們是怎麼認識、為何會一起工作，但其實他們真正在尋找的是「連結」，他們想知道我們的友誼和合作夥伴的關係都情比石堅，我們是個偉大的團隊，他們可以信任我們，因此，我們的商業故事傳達這種感覺：我們幾乎命中注定就要在一起工作。

你可想而知，我們每年都會舉辦一個「商業生日」的促銷活動，與我們的客戶分享公司生日的喜悅，並給予商品或服務的特別優惠。

另外，如果你是經營或參與非營利組織，那麼，商業故事至關重要，因為我說過很多次，簡單來說，商業就是解決問題，以獲取利潤的過程；但有些問題解決後，卻無利可圖，因此，這就是我們需要非營利組織的原因！

如果你是在非營利組織的領域中，那麼，你的商業故事並非是你個人的商業故事，而是你所在組織的商業故事，比如，為何要創建這個非營利組織和試圖解決什麼問題？

分享後，你可能會相當驚訝這些細節會帶給捐款者多大的連結。

3. 客戶的故事

簡單來說，客戶故事就是某位曾與你合作過的人的轉變故事，比如，馬特之前是一位教練，也曾是我的客戶，因此，我將其故事用於我的一個行銷項目中作宣傳，內文如下：

馬特加入我的計畫，並全心投入此事，他在一個全新的利基市場，創建他的事業，並在我們合作的幾週內，實現盈利。

而馬特的誘發事件也相當明顯：

我在某公司任職了十年，有一個星期二早上，我一如往常地要去上班；結果，早上十點半，我得到一份遣散費，然後，公司就直接把我解僱了，因此，我必須把我的座位清乾淨，但我又無法直接用自行車載走這些箱子，所以，我只好叫一輛計程車載我回家，我記得那是一年之中最美的一天，早上十點半，陽光照耀著整座大樓。

回到家後，我問自己說：「現在怎麼辦？我要做什麼呢？」後來，我去找一位我的朋友，並告訴他我被資遣的事情，隨後，他問我說，公司是否有給我一筆遣散費，當我一回答是的時候，他臉上露出了燦爛的笑容，然後，他說：「那麼，他們就是在資助你創業呀！」

這對我來說是個重大的轉變，因為這想法讓我覺得自己不是被遺棄或是被拒絕，而是得到一個令人難以置信的機會，以轉折的跑道。

我想對任何想要轉換職業的人說：在你轉換跑到前，就要先開始做創業的事情、開始投資，並開始架設網站。

我後來使用基姆的表格和模板獲得我第一批的客戶，並在我的事業獲得一個相當不錯的成果：我寫了一本十二頁的電子書，定價為十美元；發行這本書不僅使我有新的教練客戶，我還從這項工作中獲得大約五千美元，而且它還在銷售中。

從上述的故事中，你會發現，這些故事不需要過於複雜，我不是在講述馬特的人生故事，我只是圍繞他的誘發事件來構思故事，並展示我如何幫助讀者創造事業；簡單來說，要快速實現賺錢的方法，就是用「客戶推薦」為自己的事業錦上添花。

說到推薦，我要介紹一個更好的方法，讓你可以獲得一些高品質的推薦信，以幫助你積累更多客戶的故事。

如何收集高品質的客戶評價

無論你是選擇自己講述客戶的故事，還是要求客戶或顧客提供證明，關鍵是要可以展示你的價值和你為人們取得的成果。

很多時候，客戶的推薦聽起來並不像在敘述你幫助他們取得的成果，反而像是在進行人物介紹，比如，他們會說，「基姆是一位偉大的人！我們強烈推薦他！」這些話語雖然很好聽，但對我們的事業沒什麼幫助，因為這些敘述都沒有提到具體的結果，也沒有說明如何取得這些成果的細節，雖然你的客戶好意幫你推薦，但大多數人可能是：

1. 太忙，沒時間深入推薦或
2. 不合格的作家

為了幫你收集更好的客戶推薦，我會使用半句話的方式，引導客戶進入一個特定的思路，進而烘托出整個誘發事件，而這方法不僅能確保客戶的回覆是我們要的結果，客戶也不會因為繁重的寫作壓力而感到困頓。

因此，我建議你創建一個簡單的「推薦接收表」，不管是線上填表，還是透過電子郵件發送PDF格式都可以，重點是要讓你的客戶在填寫答案時，這些句子都能清楚表達其想法，而且能讓你製作成可以在你的網站上發布或是在其他行銷方面使用的客戶案例。

1. 半句話介紹你的背景：「我是（組織或公司）的（頭銜或職位），在這間公司裡（你的事業是什麼或是做什麼）……」
2. 半句話說明你與我合作時的問題：「我們都有太多想法，因此，需要一個能實現目標的規劃，以確定我們的方向……」
3. 半句話說明有關聘請外面顧問的異議：「我們不知道該期待什麼，因為我們從未與顧問合作一起解決如此關鍵的問題……」
4. 半句話講述對我做人處事的想法：「基姆很及時，而且很專業，就算是客戶深夜的突發需求，他都能及時趕到，等等……」
5. 半句話說明有關諮詢的結果：「幾個月內，我們就相當了解如何推出我們的產品，並有明確的行銷策略……」
6. 半句話講述你的建議：「我們絕對要向（你的想法）組織推薦基姆……」

請自由選擇並調整這些內容，以供自己使用；不過，即使你有「推薦接收表」，可能也很難獲得推薦；這時，你可以使用以下三種方法：

1. 你可以用電話訪問你的客戶，並引導他回答這些問題，以獲得推薦。
2. 你可以在客戶同意的情況下，幫他們回答這些問題。
3. 你可以查看他們在網路上或電子郵件中提及有關你的評論，並詢問自己這些是否可以作為客戶推薦的一部分。

在你製作你個人的故事時，我鼓勵你，**不要過度思考或過度寫作**，因為我們往往高估了完美，卻低估了連結；但其實，事實卻恰恰相反，人們正在尋找的是連結，而不是完美，因此，嘗試藉由你故事的力量，以確保你所傳遞的資訊不會成為灰色混合物。

記住，行銷不是為了完成銷售；而是為了建立一段關係。雖然一開始會感覺很尷尬，但你分享越多你的故事，你就越能自如地使用這些故事，所以，趕緊寫下你的故事！當你有一、兩個故事後，就是時候在你的平台上分享故事了！

第5章

平台：像中國十二生肖一樣地創建你的事業

在國、高中時，許多周末，我都是在附近的購物百貨裡度過；如果要說新澤西州的購物中心有什麼特色的話，那就是它非常大，而且似乎有無窮無盡的入口點，你可以從百貨公司裡的店鋪、餐廳、零售書店等任何商店進入；此外，還有些是在小巷裡且非常陰暗的商場入口；但無論你從哪裡進入購物中心，一旦你進去了，就是進去了；而這就是我希望你透過看似無窮無盡的平台，建立你的品牌時，要記住的情況。

實際上，在這個時代，我們的品牌就像是一個購物中心，人們可以從很多不同的入口接觸到我們；有些人可能會因為你的播客知道你；有些人可能會在別人的播客或在會議上聽過你的演講；有些人可能從各種社交媒體關注你；有些人可能看到你在網路上流傳的影片，或是，有些朋友和同事也可能會介紹你；因此，到處都是你可以廣播資訊和分享你故事的地方，而且這所有的管道都會通向你，通向你的「大本營」。

在我還是領導力作家（也就是我最初的線上導師）麥可．海亞特的教練計畫成員時，他就灌輸我大本營的概念，他經常說：「必須確保你在網上擁有自己的大本營！」

無論我們在所選的社交媒體、播客或其他平台上，有多麼活躍或者多麼不活躍，擁有自己的大本營是件至關重要的事情，因為這就像是我們自己的網站、電子郵件或是電話號碼的資料庫，這真的非常重要，因為這是你實際擁有的資產，沒人可以從你身上奪走他們。

如果你不建立自己的網站或電子郵件列表，兩者間的差異，就好比是你租房和買房間的區別，如果沒有自己的平台，你就像是在一個租賃的家中，例如，你可能有一個 Facebook 的帳戶，是關於你的資訊；但 Facebook 本身是屬於馬克．祖克柏（Mark Zuckerberg）的，而不是你的。

Facebook 本身就是一種租賃，而且是有數十億人租賃的龐大網站，而你和 Facebook 間的關係就像《復仇者聯盟》（*the Avengers*）電影中的大反派薩諾斯（Thanos）一樣，任何社交網站的擁有者都能在彈指之間就將你刪除，而你，噗一下地，就消失了……而你的事業也會隨之消失。

雖然我們已經談了很多有關熱情、夢想和故事的議題；但是，我必須提醒你，你在建立事業的同時，也是在建立一個企業，因此，任何好的企業都需要有一個潛在客戶和顧客的資料庫，而且，很有可能連你當地的比薩店都有一份地址、電話號碼和電子郵件的清單，因為當他們擁有這些資訊時，他們才可以直接聯繫客戶，比如，當他們需要進行促銷時，就可以輕而易舉地透過電子郵件發送優惠券或郵寄傳單給潛在或過去的客戶。

如果連你當地的比薩店都有一個資料庫，你當然也需要一個！

每個入口都能帶你進入購物中心

讓我們回到你的平台，首先從網站開始。

當我剛開始工作時，我有一個相當簡陋的網站，然後，我會在這網站上寫文章；但我很快就意識到，很少有人（如果有的話）會在早上醒來時，像查看某個體育網站或股市行情一樣地查看我網站的主頁面，應該說，人們會閱讀我網站內的**其他頁面**——我在社交媒體上分享的部落格文章，但不會查看我的主頁面。

所以，好消息是，這給我很大的彈性，讓我可以在主頁面上介紹我的特色，比如，有段很短的期間，我作為自由撰稿人，並專注於獲得專案時，在我網站的主頁，我就會把自己描述的像是一位撰稿人，直接與潛在的客戶談話，而這群潛在客戶和原先閱讀我部落格文章受眾截然不同，因為他們之中有許多人是無法支付我文章的費用，卻對我所撰寫個人成長、個人品牌和一些生活更新的主題相當有興趣；而我大多部落格文章的受眾則是透過我在 Twitter、Facebook、LinkedIn 或其他社交網路上分享的鏈接而來閱讀我部落格的文章，因此，他們只會看到我寫文章的那頁，或說，他們甚至從來沒有看過我的主頁！

因此，我為這兩群截然不同的受眾設置兩個不同的入口，就像買高檔衣服的人，是從尼曼馬庫斯（Neiman Marcus）購物中心的入口進入；而另一群只是為了購物的人，則是從電影院進入購物中心。

當時，在我網站上除了主頁面外，其他唯一的頁面是「關於我」，這頁面包含我的頭像、對我業務簡短的介紹，以及（你猜對了）我的創始人故事和商業故事；不過，這赤裸裸的網站還是足以讓我找到第一批客戶，；一旦找到第一批客戶，我就會用我在第四章中概述的推薦接收表來製作客戶的故事。我希望這故事能減輕你在整個網站和社交媒體渠道中，只想傳達一個資訊的壓力。

記住！這是同一個購物中心，但對不同類型的人要有不同的入口。

（如果你對你主頁上的內容、格式，或是你整個網站的內容感到茫然，請到 YouAreTheBrandBook.com 下載額外的素材和網站框架的範例。）

像中國十二生肖一樣地創建你的企業

你很容易會將自己與那些看似無所不在、無時不在的人進行比較，因此，我想幫你卸下你肩上的重擔，因為無所不在並不是一個現實或明智的做事方法，除非你承包整個團隊幫助你（並有錢支付他們），否則這不是一個可實現的目標。

雖然每個人的方法不同，但請允許我分享我的方法，因為它對你可能有長遠的幫助。

二〇一三年，當我剛開始我的副業時，我被外面各種不同的機會壓得喘不過氣，因此，我決定一次只專注於一項事情，然後，目標就是吸引人們加入我的電子郵件列表（我的大本營）。

在大學時，我經常光顧的一間很棒的中式餐廳叫作「麵條美食館」，這間餐廳讓得到如何建立我事業平台的靈感——就是像中國十二生肖中的年份一樣。我不是中國十二生肖的專家，不過，我知道每年都有一個代表性的動物，比如，馬年、鼠年……等等，雖然我不相信這種東西；但我喜歡這種按年計算的方式，於是，我決定每年只專注於發展我事業其中一個關鍵領域，以下是我如何發展的細項：

二〇一三年——部落格年

二〇一四年——播客年

二〇一五年——團體輔導年

二〇一六年——產品發佈年
二〇一七年——現場活動年
二〇一八年——演講年
二〇一九年——影片年
二〇二〇年——寫書年
二〇二一年——新書發布年

我分享這些是為了告訴你們，我今天所擁有的這些成就，都是已投入一段很長的時間後才建立而成的，正如我前面所提及，蓋瑞・凱勒說的，「成功並非一蹴可幾，而是循序漸進才能取得的成就。」

我可以快速地處理事情嗎？當然可以，但我可能會被分得很細，而且會不知所措，因此，我選擇耐心地對待每件事情。

二〇一三年，我辭去教會的音樂總監的職位後，我開始經營部落格，作為我的一項副業。因為我希望有施展創意的機會，因此，我決定用部落格作為我的平台，並規定自己——不管怎樣，每週一早上都要發表一篇部落格文章！雖然我荒廢了一些日子，不過，通常我在白天工作時，就完成了這個目標。

那年，我在通勤時聽了很多播客，又讓我萌生創辦一個自己播客的想法，但是，我到第二年才開始實作，因為這對我來說太難了；不過，我很慶幸我的等待，因為部落格教會我創造內容的寶貴經驗，並幫助我適應如何以新的方式分享我的想法。

所有的成長都來自於不適

我們很容易忘記，我們必須發展創造力、自我表達和自我推銷的實力。任何人都可以寫一篇部落格文章或錄製一個播客；但人們面臨的最大挑戰往往是如何定位自己，不過，撰寫部落格的那一年間，我慢慢克服這些情感的障礙，並發展我內心的思維。

二〇一四年，在我創立自己的播客時，我把從部落格中學到的經驗都運用在播客裡，我知道如何為我的頻道寫出更強而有力的標題；知道要把播客節目放到我的網站上行銷；知道要在社交媒體上推廣我的節目；但我沒有預料到的是，以精力的角度來說，播客相當困難。

我在前面提及，我大部分的職業生涯都是在製作音樂或公開演講給觀眾聽；然而，播客是一種截然不同的事物，因為沒有人會和我在同一個空間裡，因此，在錄製播客時，我必須提供百分之百的能量！如果沒有，就會像我前幾集的播客一樣，聽起來超級枯燥乏味，當時，我對自己付出的精力和聽起來能量間的落差，大為震驚，原來我之前都太依賴聽眾了！

這情況讓我非常緊張，但這也幫助我發展在虛擬媒介中，與他人溝通的技能，你一定能猜到，這讓我在二〇一五年時，投入網路研討會和主持虛擬輔導電話方面發揮了很大的作用。

金錢轉移

二〇一五年，我發展的所有關鍵技能都幫我在更短的時間內，賺到更多錢，這讓我我經歷了一次「金錢轉移」（money shift）。

那時，我仍在做我的日常工作，但我決定今年將是團體輔導年，換言之，就是我同時在我的部落格和播客上都推廣一個計畫（獲得一小群忠實觀眾），且這計劃的名額相對較少，並是個容易填滿的數量。

於是，我每週只花九十分鐘與十二個人打交道，每個月就可以賺到大約六千美元，再加上我的自由接案和網站上一些低階的產品，讓我副業收入足以完全辭去我的日常工作。從那時起，我完全沉浸在個人品牌之路中，我每前進一步都能吸引新的觀眾、建立新的連結；不過，在這段時間裡，我並沒有停止撰寫部落格或錄製播客。

隨著時間的推移，我已經發展出技巧，並可以用更快速且更高品質的方式完成這些事情，加上當時我沒有正職，因此，我有更多的時間可以投入其他事情，以發展我的品牌。畢竟，將你所做的事情做得更好是件相當有趣的事情！

二〇一六年，我決定推出我的第一門線上課程，這是我第一年全心投入自己的事業，但我並沒有無限的資源，不過，建立一個事業需要的不僅僅是資源；更需要足智多謀。

坐在辦公桌前，我沒有豪華的相機、燈光和攝影師，我只是用我所擁有的東西——筆記型電腦的相機錄製宣傳影片。我需要學習大量的新事物，才能順利推出那個線上課程，比如，線上廣告（我使用Facebook的廣告）、創建各種登入頁面、撰寫發表會所需的電子郵件、尋找促銷夥伴……等等。

因為參加我線上輔導計畫的人都希望能夠實體見面，因此，二〇一七年，我開始舉辦商業活動和工作坊；但要辦好一個活動，我想我已經有夠多事情要做了，所以我不想透過公眾宣傳，增加註冊人數，以避免增加我的壓力，於是，我直接邀請那些已參加我線上計畫的人們參與。

為什麼我不早點開始進行公開演講？

你可能會想知道為什麼我不在我早期的職業生涯時，就開始進行公開演講？這答案其實很簡單，因為在我事業剛開始時，就進行公開演講不僅沒有意義，我還要犧牲假期，在可能得不到報酬的活動中發言，再加上，那時，沒有人知道我是誰，所以，我認為我應該投入更多時間建立我的品牌，並努力提高我的地位。

二〇一七年底，人們開始看我網路上的影片（來自我自己的活動！），並認為，「嗯，也許邁克可以在我的活動中發言，因為他已經做了一段時間的播客，所以他不可能很糟糕，而且他有上過舞台的照片，也許他差強人意！」因此，我開始收到演講邀請，而且，我發現我分享越多活動的照片和影片，我就會獲得越多活動。

先打好基礎

上述的故事，希望這能鼓勵你花時間打好基礎。

我們很容易因為看到那些比你事業有成的人，就認為我們必須一次完成所有事情，停下來！深呼吸！這一切都不是一蹴可幾。你必須根據自己的定位或你試圖建立的事業類型，找到適合你的方法，例如，如果你想成為一名專業的演講者，那麼，你可能要先創立播客，然後，開始推介活動，而不是像我一樣地在播客上創建教練計畫和線上課程。

在我的經驗裡，我真正想讓你看到的是，因為我每年都只專注於拓展一件主要的事情，我品牌的基礎才能越來越穩固。

我該如何為我的品牌或網站命名？

很多人都會卡在這個問題，所以我就長話短說，或許，你應該直接用你的名字，因為作為一個個人品牌，很少有人會用類似企業的名稱稱呼你。

截至目前為止，沒有人（付過我錢的人）會因為我的公司不是「高峰智囊團行銷」（Summit Think Tank Marketing）或其他冗長的公司名稱而拒絕我。另外，如果你能用你的名字作為網站的網址，那麼，就用這個名字！但如果你不能用你名字後面加「com」，也不要緊張，因為多年來，我都是在沒有「com」的情況下，建立自己的事業，我使用的是「MikeKim.tv」（當時幾乎沒人在做影片）。

創業數年後，我聘請一間經紀公司，幫我尋找誰註冊了「MikeKim.com」的網址，最後，我支付了相當於一輛小型汽車的費用才成功買下那個網址；然而，我的銷售量有因此而暴漲嗎？沒有！這純粹只是一個虛榮的舉動。其實，在得到那網址前，我的年收入已經達六位數，而我只是想得到那網站；因此，不要糾結於你的名字後面能不能加「com」。

除非像有些人已相當成功地「品牌化」，根本不需要名字或姓氏，就眾所皆知，比如，老虎（Tiger）、卡卡（Gaga）、歐普拉（Oprah）、川普（Trump）、康納（Conan）、瑪丹娜（Madonna）、艾倫（Ellen）等這些人都只需幾個音節就能立即被認出，不然，我誠心的建議你使用自己的名字命名。

即使你是想創建一個之後能夠出售的品牌或網站，而不想用自己的名字命名（因為不管怎樣，你都很難將有你名字的網址賣給別人），那麼，想想費拉格慕（Ferragamo）、凡賽斯（Versace）、普拉達（Prada）、科勒（Kohler）、賓利（Bentley）、卡地亞（卡地亞）、萊雅（L'Oréal）等這些品牌其實都是用創始人的名字命名，甚至沃爾瑪（Walmart）和山姆（Sam）俱樂部也都是從沃爾頓家族（Walton family）名字衍生而來的命名。

在成功建立品牌後，沒有人會說，「一定要參加羅賓斯國際公司舉辦的個人成長研討會」，他們會說，「要去參加托尼·羅賓斯的活動」。

因此，當你建立自己的平台時，你本身的名字會有一種獨樹一幟的品質、情感和聯想，這是任何企業化的品牌都無法做到的，所以，公司的名字不會讓你的事業更好，畢竟，你是……記住！你就是這個品牌！但如果你仍然喜歡其他更加企業化的名字，你可以從以下兩種方式之中，選擇一個進行：

1. 使用能識別你事業內容的術語來命名你的品牌。

保德信人壽保險公司（Prudential Life Insurance）或沙爾披薩（Sal' s Pizza）都是這方法很

好的例子，因為這些名字都清楚地說明該事業的內容。

另外，你也可以把自己的名字加上一個識別品牌的標籤，比如威廉斯教練（Williams Coaching），或是像蓋瑞·范納洽利用他獨特的姓氏，將他的行銷公司命名為「范納洽（VaynerMedia）」。

簡單來說，我的想傳達的想法是，品牌名稱是以一種非常直截了當的方式告訴人們這個企業是做什麼的。

2. 用你「塑造」的術語來命名你的品牌，使其具有其他含義。

這方法的典型例子有蘋果（Apple）公司和亞馬遜（Amazon）公司；蘋果公司把一種水果打造成一間電腦公司；亞馬遜公司則把一條河的名字，變成世界上最大的線上零售商。

然而，在你選擇這方法前，思考一下，要花多少時間和金錢來重塑人們普遍對這兩個常見詞的看法，因此，這是一項要投入大量精力的工作，這就是為什麼我建議你以自己的名字命名你的品牌（和網站）。

撰寫你的專業簡介

簡介會悄悄地來到我們身邊，而那討厭的兩到三句話可能真的很難寫。

然而，簡介的目的是簡單扼要地總結你是誰、你在做什麼，是一種吸引人們進入你平台或訂閱你所提供事物的方式，但是，簡介卻常常被忽視。

如果只有一個非常簡單明瞭的簡介是可以的，但如果加入一點個性可以讓你從中脫穎而出。

由於簡介可能會有點難寫，以下是我最常使用的簡介之一，請自由選擇並調整部分內容（每當讀到一篇令人想睡的簡介時，我撰寫文案的靈感就會少掉一點。）：

> 邁克・基姆相信，行銷不是為了完成銷售，而是為了開啟一段關係。
>
> 這種令人耳目一新的方法使他成為受人歡迎的演講者、線上教育者和頂級思想領袖的策略家。如今，你能看到他在會議上演講、在尋找下一個潛水的好地方，並偶爾喝上一杯單一麥芽蘇格蘭威士忌，而這所有活動都是在輔導、服務客戶和錄製他熱門的播客《你的品牌播客》（*Brand You Podcast*）時完成的事情。

當我要為其他網站的特邀文章或演講活動撰寫簡介時，我會從以下這些簡介裡修改部分內容，並加入有關訂閱我內容的邀請，換言之，在為其他商業網站撰寫文章時，我經常會加入有關訂閱我的內容邀請，因為這不僅是個免費資源，而且是相當自然的行動呼籲。

> 邁克・基姆放棄他在公司最高領導層（C-suite）舒適的行銷工作，而選擇追求職業自由。他的目標是幫你開始、經營並發展一個有益且強而有力的個人品牌事業，你現在就可以到 MikeKim.com/start 的網站中，加入他免費的三個影片系列——「你的品牌訓練營」（*Brand You*

Bootcamp）

如果觀眾進入你的網站，你也兌現給觀眾的承諾，你就能獲得更多的訂閱者。

> 邁克・基姆展示內容創作者透過強而有力的銷售文案，提高轉化率的簡單步驟，只要在MikeKim.com/copywriting上，就可以看到他的免費指南和教學，而他的技巧和策略都能讓你的銷售文案更上一層樓。

在文章中，使用現在式寫作很有噱頭，因為它可以給讀者一種實時參與和即時的感覺，比如：

> 現在，邁克・基姆正在泰國普吉島的海岸邊划船，並努力躲避岩石和追逐日落；但你可以下載他簡短的電子書，以了解如何讓你每次寄出的電子郵件打開率提高百分之八到百分之十。

最後，添加一點幽默感通常會有幫助，尤其如果這幽默是在合適的情況，且能反映你的個性，那就特別加分。

這份簡介對行銷業進行俏皮的嘲諷。

> 現在，邁克・基姆是一位久經考驗的行銷專家，也是《你的品牌播客》的主持人，如果你準備好學習如何行銷你的輔導事業，且不實現會讓你媽媽丟臉的事情時，請在這裡下載他免費的「立即獲得輔導客戶」（Get Coaching Clients Now）電子書。

我第一版的 LinkedIn 簡介

當你讀到這篇文章時，LinkedIn 可能已經不存在了；不過，請隨意將這些簡介應用於任何你覺得適合的網站裡。

由於 LinkedIn 是一個專業的社交網路，所以我更強調我的工作，多年來，我幾乎只使用兩個版本的簡介，然而，這兩種版本大相逕庭；第一個版本是基於我朋友兼行銷顧問約翰．奈摩（John Nemo）的建議，他主張採用直截了當且近乎簡歷的風格。

我做什麼：幫助思想領袖確立他們的行銷資訊，使他們的想法商業化，並創造更大的影響力。

我如何做到：整合一系列的行銷和品牌策略，以實現上述的目標，其內容包含撰寫文案、活動策略、產品發佈、編寫故事和內容行銷。

為何這方法有用：當一個品牌的內部運作與其展現的資訊一致時，就會讓這品牌的所有行銷和廣告都變得明確且有說服力，而且，無論有多少其他競爭對手，這品牌最終都會成為該利基市場的權威，因為，清晰能吸引人，混亂會排斥人。

其他人怎麼說：

「基姆是我認識最會寫文案的作家之一，如果你需要世界級的文案，那麼，你必須在他被其他人預訂前，趕緊聯繫他！」——雷伊．愛德華，文案寫作學院的創始人

「基姆會創造很多價值，我因為不斷地看到他撰寫的文案和豐富的內容，讓我大幅提升我所創造的事物！」——唐納德·米勒（Donald Miller），「品牌故事」（StoryBrand）公司的首席執行長

我的合作對象：我曾使用我獨特的行銷和品牌戰略方法，幫助《紐約時報》（*New York Times*）的暢銷書作家、世界知名的演講者，以及超過十四種不同行業的數百名企業家實現真實且可衡量的成就。

準備好談談了嗎？請在 LinkedIn 上直接與我聯繫，或是到 MikeKim.com 的網站與我聯繫。另外，我的播客，《你的品牌播客》在蘋果公司的播客排名中，一直被列為個人品牌主題的頂級播客之一，若你想進一步地了解，可以連到 MikeKim.com/show 的免費網頁。

專長：個人品牌事業／思想領袖／產品行銷資訊／直接回應文案／產品發佈。

我第二版的 LinkedIn 簡介

第二版簡介的語氣比較像是對話，它是以強而有力的一句話開啟簡介，並迅速展示一些教學種點，以證明我的專業知識。

行銷不是為了完成銷售；而是為了開啟一段關係。

在這個自動發送且垃圾內容氾濫的數位時代，我們已經忘記如何聯繫和參與他人……

每個品牌都有三個身份：語言身份（文案）、視覺身份（設計），以及價值身份（定位），為了使你的輔導、演講或諮詢事業都能從聲浪中脫穎而出，以吸引客戶和顧客，這三種身份都相當重要。

在過去十年中，我曾與一些行業內收入最高的思想領袖和專家品牌合作過，這讓我得出一個結論：他們想要購買，但不想被推銷；而這正是傳遞良好內容和明確資訊可以為你事業所做的事情。

當你明白人們會消費的三個主要原因分別為：教育、靈感、娛樂後，你就可以為你的受眾量身定做行銷策略。

我的目標很簡單：

1.指導你寫作、行銷，並以一種能辨識為你的聲音說服他人

2.將你的想法精煉成一個框架，並明確地展示你獨特的價值。

3.提供正確的工具包，以創建成功的發佈策略和品牌意識

有關您的演講、輔導或諮詢活動，請以下列方式與我們聯繫：

・一對一：MikeKim.com/contact
・演講：MikeKim.com/speaking
・或透過 InMail 與我聯繫

請一定要查看底下我播客的採訪和客戶的推薦的片段。

連結創造者：「你所不知道的我」的文案

無論你用什麼管道推廣你的事業，但請要記住，重要的是，人們只在第一次見到你的時候，才會看你，比如，你可能已經在社交網站上發了很多年的文案；但如果我是第一次認識你，看到的卻只是你的簡介和最近的幾篇文案，那麼，你可能無法確切地傳達你所想的資訊。

降低這種情況的方法之一是：發佈「你所不知道的我」的文案；這種特別的方式，同時可以與新讀者建立聯繫，也能與你現有受眾建立更深層的關係，因此，我經常會在大型演講活動、擔任某播客的來賓或虛擬高峰會議後，發佈這種類型的文案，以和大量的新粉絲建立聯繫。

這些主題可能隨時會有所變化，不過，你可以從以下的主題清單中開始撰寫文章（只要確保不要發佈像你生日這種非常敏感的資訊即可，因為竊取身份資訊的人比比皆是）：

1. 最喜歡的食物

2. 小時候的綽號
3. 第一份工作
4. 最好的旅行故事
5. 家庭傳統
6. 你小時候想成為什麼樣的人
7. 你「超乎尋常」的事物

這種文案的關鍵是要有趣，所以，我經常會從這些問題的答案中擷取或是添加其他東西，比如，我性格測驗的類型、我最喜歡的電影，或者我想看的樂隊演唱會。

這是我在 Instagram 上使用的一個例子，像是一個輕鬆的平台：

> 嘿，我是基姆，你們之中有些人最近和我聯繫過，但還沒有見過面。
>
> 我是兩個最可愛男孩（五歲和三歲）的叔叔，是紐約洋基棒球隊（NY Yankees）的頭號粉絲（我喜歡他們的時候，他們很爛，不過，他們最重要的四號球員是史蒂夫．巴爾波尼〔Steve Balboni〕，所以不要討厭他們）；另外，我也是費城老鷹足球隊（Philadelphia Eagles）和聖安東尼奧馬刺（San Antonio Spurs）籃球隊的粉絲。

我的興趣是嘗試各種好喝的蘇格蘭威士忌、進行水肺潛水和打高爾夫球（如果我能夠找到朋友一起玩的話）。

在過去的七年裡，我一直在家工作，我擔任播客、部落格、行銷顧問、演講者和明星文案撰寫者。後來，我搬到佛羅里達州的西棕櫚灘居住一段時間，但我覺得我應該二十五年後在搬到那裡，因為我鄰居們都有和我一樣大的孫子了；不過，那裡，嘿，天氣很好。

在九型人格（Enneagram）中，我是八號偏九（8w9），在發現這結果後，讓我對更加了解自己的生活。

去年，我學到最有價值的東西是——人生並非因為完美而美好；而是不完美造就人生的美好。

哈囉，很高興見到你，我希望你有美好的一週。

幾個月後，我又增加了一些有趣的小文章，因為現在，我的聽眾們已看過前一篇文案：

嘿，我是基姆，我已經有一段時間沒有自我介紹了，所以讓我們玩玩吧！

九型人格：八

出生地：美國加利福尼亞

在傍晚時分的雨中，我想和我的女性朋友一起欣賞格拉斯頓柏立當代表演藝術節

（Glastonbury）的音樂會，包含酷玩樂團（Coldplay）、謬思合唱團（Muse）、U2 樂團等樂團的表演，或者，只有我自己去格拉斯頓柏立當代表演藝術節，我也會去。

死前的最後一餐：手到擒來的韓國烤肉。我吃過最好吃韓國烤肉是我祖母做的烤肉。

我如何謀生：教導人們如何實現他們的夢想事業，比如，一名教練或創造者，並教導他們如何行銷和說服他人（我就愛這樣）。

我怎麼離開公司：夏天最後一個星期五的公司聚會裡，我喝了啤酒、葡萄酒、燒酒和二十二杯Jame-O酒（認真的）後，和同事們一起去保齡球館；在擊敗我所有同事，正當心情慷慨激昂時，我說：「祝你們生活愉快！」那是我最後一天工作。

最喜歡的書：《三國》（Three Kingdoms）

最喜歡的演員：勞勃・狄尼洛（DeNiro）老大

最好的一餐：在泰國普吉島一個俯瞰安達曼海洋的五星級渡假村裡，一位義大利米其林廚師為我製作餐點，我一個人花了三百五十美元吃飯；不過，那頓飯在我人生糟糕的時期中，治癒了我一個晚上的靈魂。然而，我從不知道食物可以治癒靈魂，自此之後，我一直尋找並期盼再次有同樣的體驗。

支持的球隊：紐約洋基棒球隊、費城老鷹足球隊和聖安東尼奧馬刺籃球隊。

我曾去過最美麗的地方：夏威夷茂宜島（Maui）的哈那之路（Road to Hana），如果需要的話，就算一個人，我今晚也會回去。

我真心相信：生命相當短暫，卻是我們曾做過最長的事情，比如，享用美味的食物、與所愛的人共度時光和永不放棄的冒險。

我對發佈這些文案的結果感到相當驚訝，因為我大多數客戶都很少參與社交媒體的活動，但這些文章得到飛速成長的回應。

我向你提出的挑戰是：採用並調整這些例子，然後點擊發佈。

我知道你想做好這件事情，並做到完美；但更重要的是讓你獲得點閱、鍛鍊自我表達的能力，並以新的方式，將自己推向世界。

第6章
定位：隨時都要知道你的競爭對手是誰

幾年前，我從路易威登（Louis Vuitton）的廣告中擷取了一張照片，照片的內容是將一些昂貴的太陽鏡、手提包和手錶，與沃爾瑪（Walmart）廣告中的文字重疊在一起。

後來，我把這張圖片修改後，放入我簽名演講的幻燈片中，以說明一個有關品牌建設的問題；然而，這張圖片的出現，總能讓人們哄堂大笑，因為在眾多高端時尚產品的底下出現「價格保證、接受優惠券、天天低價！」的字樣。就算不是一位行銷人員也能看出這品牌的形象有點「不對勁」——感覺很奇怪，而這種感覺就是來自於每個品牌三種子身份之間的錯位，因此，了解三種子身份間如何相互作用非常重要，而品牌的三個子身份分別是：

1. 視覺身份
2. 語言身份
3. 價值身份

這些子身份就像是椅子的每個椅腳，如果有一個「不對勁」，那麼，你的整個品牌就會不穩定；但如果它們一致，那麼，你就有一個清晰且有凝聚力的品牌形象。

視覺身份是大多數人在談到「品牌」時會想到的東西，因為這些元素很容易識別，比如，零售業的巨頭目標百貨（Target）就是直接用標靶作為標誌，並以紅色作為其主要顏色；而星巴克的標誌則使用了大量的綠色和棕色，雖然你可能無法回憶起星巴克美人魚的每一個小細節，但當你看到她時，你一定會知道那是星巴克。

或許，你不用像目標百貨或星巴克擁有如此強烈的視覺標誌；但你網站上的照片、字體和顏色，甚至你的衣櫃都會對你的視覺身份發揮作用。

語言身份是由文案決定：「你所有行銷的書面內容」，比如，廣告，正如著名廣告文字撰稿人約翰．E．甘迺迪（John E. Kennedy）（不，不是已故總統；他是約翰．F．甘迺迪〔John F. Kennedy〕）所描述——印刷品中的銷售技巧。

你的語言身份和聲音可以聽起來很學術、很專業、很鼓舞人心，也可以很尖酸刻薄或使用大量髒話，例如，蓋瑞．范納洽，這些都是由你決定！不過，你本身必須與你的語言身份保持一致，就像你與你的視覺身份中的元素保持一致一樣。

你的**價值身份**與定位有關，而定位是指你相對於競爭對手的位置，以及公眾如何看待你的價值。

像我前面所提的路易威登，這是一個高端的奢侈品品牌，所以我敢肯定，「折扣」或「優惠券」這些詞在他們的行銷中是被禁止的；相反地，沃爾瑪的產品並沒有任何奢華或獨特之處，所以當然可以使用優惠相關的行銷詞。

因此，這兩間公司有迴然不同的價值身份，雖然兩家公司都賺了很多錢，但由於它們在相對市場中的位置不同，所以它們的定位也截然不同。

倫敦所學的一課

不久前，我第一次去倫敦，見到其中一位大型時尚品牌的設計師，當她帶我參觀倫敦時，她告訴我一些有關品牌定位的事情，我一直都沒有忘記。

雖然她的公司是以銷售高端手提包、大衣和他們獨特的格子羊絨圍巾而聞名；但他們最賺錢的產品卻是一種低成本的包包，其價格只要其他產品價格的三分之一；然而，這成本較低的包包之所以能賣得這麼好，就是因為他們是定位在高端的品牌，而這種低成本的包包能讓顧客花較少的錢，就「購買」該設計師包包所帶來的地位，因此，才會成為店裡銷售最好的明星產品。

大多數人在這個領域起步時，都會認為要為大客戶提供高價值的工作——所有時間。這種方法沒有錯，但你可能很快就會陷入不勞而獲的境地，因為你為一位客戶做了非常多工作，以至於你無法擴展你的時間和收入的規模；因此，關鍵是要把自己定位為高價值的專家，且有高價值的定價，然後，利用你的價值創造更多實惠的規模化產品。

在過去的幾年裡，為了達到規模化，我看到幾位對於私人輔導項目收取高額費用的同事，都在透過創建（所有東西）實體日計劃表或是日誌，以實現目標，例如，麥可．海亞特的「全聚焦行事曆」（Full Focus Planner）、約翰．李．杜馬斯（John Lee Dumas）的「自由日記」（Freedom Journal）和托尼．格雷布邁爾（Tony Grebmeier）的「Be Fulfilled Journal」都是很好的例子。

對於一些專家來說，低級別的產品已經成為他們最賺錢的工具，不過，這是因為他們一開始就將自己定位為一個頂級品牌。

前面提及，我用塗改路易威登和沃爾瑪的圖片，談論品牌之間的差異，以及它們在市場上迥然不同的定位；不過，比較需要注意的事情是：路易威登和沃爾瑪並非彼此的直接競爭對手，畢竟，他們在不同的行業中，一個是奢侈時尚品牌；另一個則是大眾市場的零售商。

因此，這讓我想到有關定位的一個重點。

1. 確保你自己是與正確的競爭者進行比較

我永遠不會忘記一個簡短的對談，因為這談話讓我真正地警醒。

當時，我和一些事業有成的商人一起享用早餐，我們在房間裡走來走去，分享彼此的商業成就和挑戰，坐在我旁邊的是康乃狄克州最大商業搬家公司之一的老闆，我問他說：「史蒂夫，你生意如何？」

他回答我說：「基姆，我的生意相當具有挑戰性，因為當你企業的競爭對手，基本上是包含任何有車的人時，這真的是一件很艱難的事情；**但你必須隨時都知道你的競爭對手是誰**。」

聽完他的回答後，我大吃一驚，但我後來發現他是對的，例如，如果你要搬家，有一群朋友可以幫你把所有東西都放到他們的汽車或卡車上，你就不會僱用搬家公司了！

因此，我們都有競爭者，這是一個無可爭議的事實，不過，潛在客戶可以把他們的時間、精力和金錢交給任何一個企業，因為他們有無數多種選擇。我這樣說並不是要讓你氣餒，而是要讓你清晰地了解現實情況！是的，外面是個生存競爭激烈且殘酷的地方；但如果你明確地知道你是為誰服務、誰是你實際的競爭對手，你就會很好。畢竟，現實中，你關注的那些眾所皆知的品牌，大多數都根本不是你的直接競爭對手。

當我剛開始工作時，想到要與教導我的人競爭，就非常令人生畏；但後來，我意識到其實他們大多數人都不是我的直接競爭對手。

現在，你要明白，定位是有關你在市場中的位置，以及你的企業在已知的競爭中，所處的地位。

確定你不是誰

定位很像柔術，或說「柔和的藝術」（the gentle art）。柔術的前提是要利用對手的體型、力量和速度來對付他，所以較小或較弱的對手也能夠戰勝相當強大的對手。

你不是蘋果、不是耐克，也不是亞馬遜公司，而你的客戶也不會希望你成為和這些企業一樣的人；他們想要的是個人魅力，是一位有親和力且平易近人的人。

其中一個定位自己的方式是：告訴你的客戶你不像市場上那些大型競爭對手有龐大的規模。而且，我發現一個有趣的現象，就是如果一項服務越做越大，客戶就會越希望這服務越小、越個人化；相反地，對於我們這些個人品牌來說，我們越小，就會越想變大，就像一位使用柔術的戰士一樣，現在是時候利用我們的「小」，發揮槓桿作用，在市場上為自己開闢一個獨特的位置。

這張圖真的讓我看清楚我在市場中的定位：

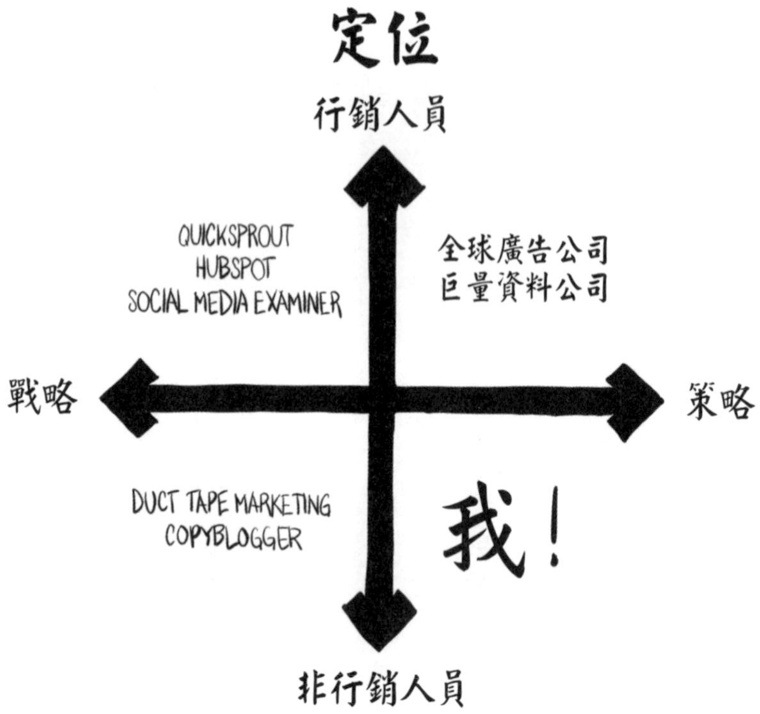

以我為例，我把「策略」放在一邊，把「戰術」放在另一邊，雖然許多人會交替使用這兩個詞，但我已在自己的心中定義兩者間的差異，對我來說，「策略」意味著我將教導人們廣泛的概念和哲學，並幫助他們了解如何在行銷方面部署他們的時間、金錢和資源；而「戰術」則是更偏重於「實際」的資訊，比如，在網站上用什麼顏色最好、在廣告中用什麼文字最有效，還有找尋幫助你獲得行銷優勢的「寫手」。

另外，在另一個軸線上，我繪製了兩個市場，分別是：行銷人員與非行銷人員。我想表達的是，行銷人員是以行銷為生的人；而非行銷人員則是指他們本身是專業人士（教練、演講者、顧問等等），所以，非行銷人員與行銷人員的賺錢方式不同。

我無法形容這簡單的圖表對我來說是多大的解脫！因為這張圖，我明確地知道，我最適合的是幫助非行銷人員在他們的領域中建立戰略。

接著，我依照各個象限的特性，將我所知的其他品牌填入最適合的象限；結果，我很快地意識到（讓我鬆了一口氣）大多數我所關注的人都**不是**我的競爭對手，比如，「Copyblogger」這種品牌，是一個大型行銷培訓的網站，專注於戰術而不是策略；像傑出的尼爾・帕特爾（Neil Patel）和「QuickSprout」，則是專注於教授專業行銷人員最新的SEO和流量戰術，因此，想要與帕特爾和「QuickSprout」做一樣的事情，需要一個龐大團隊（和大量的資料），因此，雖然我跟隨他的腳步，但我的客戶和觀眾並不會來找我做同樣的事情。

最後，我當然也不屬於向行銷專家傳授策略的象限，因為全球廣告公司和巨量資料公司會向這些行銷專家的機構，提供全球行銷或政治活動的最佳策略資訊。

然後，我問自己，「有哪些事物是我**無法**提供我的客戶和觀眾，但其他這些大品牌可以？」，答案顯然很清楚：

1. 我無法像「Copyblogger」公司一樣，每週都發佈好幾篇二千字的部落格文章。

2. 我無法像「Social Media Examiner」公司，每個月都創作看似無窮無盡的報告和電子書。
3. 我無法像「HubSpot」企業一樣提供一個網站管理平台。
4. 我無法為十億美元以上的實體提供品牌策略，因為這些實體通常都會選擇僱用公司或全球機構，以完成其策略。

但沒關係！這不是我最初設定的目標，這讓我感到非常欣慰！

現在是時候讓你創建你自己的「定位圖」（positioning graph）了，如果你不確定你圖上的X軸和Y軸應該使用什麼樣的值，可以試試看以下的配對：

1. 初學者 vs. 經驗豐富者
2. 非專業人員 vs. 專業人員
3. 策略 vs. 戰術
4. 技術 vs. 非技術
5. 揮金如土者 vs. 討價還價者
6. 個人魅力 vs. 企業特質

這練習的價值在於了解自己相對於你的競爭對手是屬於哪個「象限」，透過這個練習，你將會更清楚地認識自己，同時，這結果也會告訴你，作為一個個人品牌，你會**直接**與哪些競爭對手（在你的象限內的那些）競爭。

2. 一旦你確定自己在市場中的定位，就開始用你的觀點和個人故事，讓自己獨具一格

一旦我在行銷的世界裡，找到一個我舒適的小角落，我就必須環顧四周，了解所在市場中的其他人都在做些什麼，並思考是否有辦法更進一步地讓自己與眾不同，不過，如果你已經完成我前面分享個人故事的練習，這就不會太困難，因為你的個人故事將是使你脫穎而出的首要條件。

即使有一個競爭對手與你的目標族群相同，且教導人們相同的主題，其結果還是會因為**你是誰**而有所不同，因此，我分享越多**我的**觀點和個人故事，我就能越以自己獨特的方式脫穎而出。

當我做這個練習時，我意識到——我在網路上關注的許多專家其實並不像我當時一樣，又當一對一教練，又是自由職業工作者。他們都已經是有影響力的人：創造許多內容、吸引大量追隨者，並銷售數位產品；而我是一位專家，以教練、文案或顧問身份與客戶進行一對一的工作，只是碰巧寫部落格，雖然我和那些線上影響者一樣，都會創造內容；但不同的是，人們都知道我並

非只專注於此，因為我能為客戶提供客製化且策略性的見解，並進行宣傳。

隨著我的追隨者越來越多，我的工作從客戶和專案轉變為創建課程和產品，這是因為我沒有落入將自己與外界所有人進行比較的陷阱，因為我知道自己在龐大市場行銷中的定位，並抓住機會，利用我的「小」作為競爭優勢，同時，在市場上慢慢分享我的觀點和個人故事。

3. 永遠不要降低你的定位

一開始，我在創立前幾個教練計畫和研討會時，我非常快速地察覺要將自己定位為一個更高層次的人，這就是為什麼我在為紐約市外的課後學院工作時，會要求首席行銷長的頭銜——我想這個頭銜會比「行銷總監」這頭銜更有價值。

多年後，當我自己創建事業時，這頭銜讓我得到了回報，無論你是購買我的內容、讀我的部落格、聽我的播客、參加我的研討會，還是直接僱用我，你都會得到一個「C-suite 專家」的見解。

在我保證自己可以定期寫幾個月的部落格（記得二〇一三年是我的「部落格年」）後，我就決定聘請我的朋友傑森．克萊門特幫我設計網站，並建立我的視覺身份，克萊門特將我網站的外觀設計的相當乾淨、簡約且線條流暢，以反映我的個性，因為我是一位直接且「開門見山」的新澤西人，這也是我在教學和與客戶合作時，所採用的方式。

後來，我在許多具有魅力的城市裡，選擇漂亮的場地，舉辦我的研討會，比如，在紐約和華盛頓特區的時尚現代商務酒店舉辦、在邁阿密的麗思卡爾頓酒店（Ritz Carlton）和奧斯汀的德里斯基爾酒店（Driskill）等高檔經典酒店裡舉辦，以及在位於納什維爾和聖地亞哥充滿活力的工作空間舉辦。

不過，我希望人們不僅僅是參加一個研討會，而是希望他們能將城市與我建立關聯。我無法告訴你，我聽到多少次與會者在交談中和其他人說：「哦，我很喜歡奧斯汀，我第一次去那裡是為了參加邁克．基姆的活動！」聽到這話，真的很值得，因為這讓我在活動結束後的幾個月甚至幾年內，都在他們的談話中佔據首要位置。

你可能會以為這一切意味著我創作的每篇文章內容都相當「高檔」和花俏，但其實遠非如此。我認為我品牌至關重要的事情就是：我的平易近人。而我也已經從我許多的播客聽眾和客戶那裡證實我有做到這點，因此，這意味著，在社交媒體上，我偶爾會發佈一些讓我成為一個具親和力品牌的東西，比如，我可愛的侄子的照片、自嘲的幽默，或與事業沒什麼關係，而是非常個人化的文章，但我總是小心翼翼地發佈這些文章，以避免太多。

雖然沒有確切的科學依據，但我一般會說，我的文章中只有百分之二十是屬於個人性質，百分之八十都是與事業或品牌有關。畢竟，這很適合我的節奏。

在新市場中重新定位自己

我有很多朋友都在擔任頂級個人品牌的行銷總監或是顧問。

幾年前，我的一位朋友與一位「媽媽」領域的部落客合作，當時，這位部落客已經有一大批都是媽媽的聽眾，而她來請教我朋友如何減少成本，還有如何充分利用她僅有的可支配時間和收入。

「問題」是這樣的：他的客戶（那個媽媽部落客）因為她的部落格變得非常富有！因此，她想藉由購買一些高檔名牌包、享受美好假期，並將她的汽車和房屋都升級，以享受她的成功；但如果她向她的聽眾展示這一切，感覺「與品牌形象不符」。

當他告訴我這個煩惱時，我笑著說：「這是一個很好的問題——數以百萬計的追隨者和滾滾而來的巨額資金。」但老實說，我完全理解她的窘境（這就是為什麼定位如此重要）。

後來，我建議他幫助那位部落客慢慢地將自己定位為「企業成長專家」，讓她可以更自由地談論她的成功之旅；或者，另一個方法就是在她目前的平台上「淡化」自己，並在部落格上加入新的面孔和聲音，然後，以團隊的方式創建新的內容，不過，從本質的角度來說，第二個方法是為了創造一個新的市場（商業輔導），而不是試圖在她目前的市場中進行重新定位，所以，她會需要利用她作為企業家的專業知識教導其他企業家，然後，這些企業家就會支付更多的錢以獲得她的見解和輔導。

「如果我想做優惠、限時搶購或其他促銷活動怎麼辦？」

最簡短的回答是：**想出一個合理的理由，且這理由不能淡化你的定位**。

最好的行銷策略是簡單地說出真相，多年來我做過幾件優惠相關的事情：

1. 在我生日當天展開特別促銷活動：我通常會寫下自己過去一年之中，在事業和生活裡學到的東西，並將這收穫與某個產品或課程的特別促銷價格建立連結。
2. 二〇二〇年，人們因為疫情而封城時，我針對兩門課程推出特別折扣，而且，因為人們被困在家裡，我還搭配課程提供現場虛擬輔導服務。起初，我只是想幫助人們，但意想不到的事情發生了——在這困難時期，我的銷售量暴增，且讓我能與我的客戶建立更多的連結。
3. 我每年都會有兩次特別的折扣，並將其收益捐給我支持的一個慈善機構，而這特別折扣通常會在聖誕節和我生日的那一週舉行。由於我的生日是在聖誕節的前六個月，所以，這個時間點非常好，而這個慈善活動也為我的品牌帶來許多連結，因為我的受眾都會知道這些錢將給予一個好的事業。

或許，有些人會非常排斥折扣和特別優惠，因此，這是你的事業，所以最終，是否提供這些優惠都是由你決定，我只是不希望你做任何有損於你品牌定位的事情。

不過，如果你沒有公開你提供服務的報價，那麼，決定以一個不理想的價格承接專案，並不會公開地有損你的定位，因為沒有人知道你得到多少報酬；而且如果你是與某位可以提升你定位的客戶合作，那麼，即使你獲得的報酬沒有你想的那麼多，這還是個明智的決定。

實際上，這類型的專案（如果你被允許談論它們的話）可以透過與他人聯繫，而增加你的定位。

每一個認真的企業都會了解他們相對於競爭對手的位置，就像我前面提到的那位搬家公司老闆一樣，你必須始終都知道誰是你的競爭對手。

我向你提出的挑戰是：請你花時間研究我給你的圖表。

研究圖表後，你對於品牌的清晰度將有助於你接下來在「你的品牌藍圖」中的每一步，然後，開始下一個步驟：「產品」。

第7章 產品：驗證、創建、精煉、重新啟動

我在網路上第一次賺到錢時，不僅改變了我的生活，更改變了我對金錢的看法。

前面，我有提及我和我朋友瑪莉．瓦隆尼一起創辦非營利組織的培訓公司；但其實，我的部分故事要從更久之前開始說起。

二〇一三年，當我開始定期寫部落格時，我剛好寫了一篇有關「非營利組織要如何更良好地與捐款人溝通」的文章，並獲得更多的支持；而我之所以寫這篇文章，其實是出於沮喪感，因為我有幾位朋友都在做慈善工作或是在傳教，但要人們捐款給他們真的很難，因為他們組織的體制都非常糟糕；然而，沒想到，這篇文章在我的粉絲中像野火一樣地快速傳開。

由於我的網站擁有許多瀏覽量，因此，我創建了一個小型免費資源的頁面，以配合這篇文章的內容；在頁面中，讀者只要留下他們的電子郵件信箱，就可以自由下載這篇文章，然後，我就會發送一封有關免費線上研討會（網路直播研討會）的電子郵件給他們，讓他們可以更深入地了

解這個主題，接著，我還會提供他們一個付費輔導計畫的內容。

那時，我還不了解品牌定位，所以，我只是收取少量的費用：一個人一百五美元，總共可收十個人，並為所有人提供四週的輔導；沒想到，這個計畫在幾分鐘內就賣光了（我應該收取更多的費用！）；但不管怎樣，那一千五百美元都是我賺到最能改變我生活的錢，因為藉由舉辦線上研討會，我就賺到能支付一個月抵押貸款的錢；而且更重要的是，這是我第一次意識到，我的大腦比我的手更會賺錢、更有價值，我的意思是，透過輔導和建議，人們就會支付我費用，而不是以實際「建立」他們品牌的方式賺錢，比如，幫他們撰寫文案或設計網頁。

另外，在電話輔導中所創建的內容，我還會再重新利用，將其包裝為一個付費的線上課程，換言之，我已經開始採取微小但重要的步驟，就是從客戶和專案轉移到課程和產品。

現在，為了採取行動，開始制定你的產品和服務，你必須先回答以下兩個簡單的問題：

1. 你希望我付錢購買你的什麼？
2. 你想和我的哪位朋友談談？

由於從客戶和專案轉移到課程和產品的過程很容易就過度複雜化，因此，我希望使用一種簡單且樸實的方法處理這個問題。

請記住，**商業無非就是解決一個問題以獲取利潤**，所以，你應該能非常清楚地回答這兩個問題。

讓我們從第一個問題開始。

你希望我付錢購買你的什麼？

這個問題，我指的是，一旦人們給你他們的信用卡資訊，他們會得到什麼？是會得到你的輔導電話？一本書？一個線上課程？郵寄的東西？你為我寫的東西？一個新的網站？還是一張活動門票呢？

當我向新創公司提出這個問題時，他們通常會用模糊且虛無飄渺的詞語回答我，比如，「我希望你付錢給我，能讓你更清楚自己的人生目標」，或是「我希望你付錢給我，以學習如何在工作和生活之間取得平衡」；但問題是，一個人不可能買到一瓶明白人生目標或工作與生活平衡的飲料，所以，那只是一個結果，而不是一個產品，而且，這是一個相當主觀的結果，因為每個人對於清楚的人生目標，或是在工作與生活間取得平衡都有不同的看法，這就像是定義重要、成功、意義或幸福等概念的詞彙一樣。

並不是說你不能提供這些類型的服務，只是「健康、財富和關係」這三個市場的範圍更廣大，可以提供更多種類的產品和服務。

現在，我們要關注的是，你要如何交付你的成果，而且，這必須非常明確且具體，所以，當你在思考如何創建產品時，我強烈建議將重點放在以下三件事中的其中一項（或多項）：

1. 時間
2. 金錢
3. 技能

你的產品或服務應該要幫人們**獲得**更多的時間、賺取更多的錢，或發展一項新的技能；或者，反言之，你要幫助人們節省時間、節省金錢，或者使他們不必學習技能（因為你在為他們做這些事情）。

你可能會爭辯說：「你錯了，邁克！我的輔導員在幫人們挖掘他們重要的意義！」我完全理解這一點；但真正的現實是，如果有人真的從你那裡購買了「重要意義的輔導」課程，他們實際上，是購買了時間、金錢、技能或是全部，因為他們不想再過這種自己認為沒什麼意義的生活，想挽回他們剩下的時間，也許他們想賺更多錢，使他們感到更有意義；或者，他們購買了一些技能（公開演講、寫作，甚至是在第一次約會或戀愛中更加自信），使他們感到更有意義。

因此，你的工作就是要將你的產品或服務與時間、金錢和技能建立連結，因為人們的「蝸牛腦」（snail brain）會讓他們本能地優先尋找這三者的解決方案。而且，如果你能幫人們獲得（或節省）這三樣東西中的其中一樣，人們就能一目了然地了解你能幫他們解決的問題，比如，也許你可以讓人們在家工作，如此一來，他們就不用每天多花一小時的時間通勤；也許你可以藉由網路行銷幫他們賺更多的錢；或者，你可以透過部落格發佈節省金錢的小訣竅為他們省錢；此外，你也可以教導他們學會一種技能，比如，演講、輔導、寫作，或讓他們不用學習任何技能，因為你會幫他們做這些事情。

一般來說，當人們完成我的課程、輔導計劃或現場活動時，他們經常會說：「透過這活動，讓我的思路更清楚了！」但這只是他們經歷活動後的一個結果或副產物；所以，如果將其應用於我試圖開發或推銷的產品上，這絕對是個錯誤的資訊，因為這些潛在客戶根本還沒經歷過轉變。

這就好比人們在買東西時和他們事後對此物品的評價時常會截然不同的原因，**因為你一開始的資訊傳遞，通常會和你將收到的反饋不同**，換言之，大多數人都不知道他們想要什麼、也不知道要如何表達，但百分之百的人都知道，如果他們沒有得到這項產品，要如何抱怨；所以，在創造和行銷產品時，你的工作就是幫助人們闡明他們想要什麼，以建立明確性；然而，很少有比時間、金錢或技能更明確的東西。

你想和我的哪位朋友談談？

在前面的章節中，我有提過「理想客戶的化身」（ideal client avatar）練習有多麼地沒用，而且，那還是一個以猜測和理論為基礎的練習；因此，與其思考另一個理想客戶的化身，還不如重新規劃方法，像是你可能想請我把你的產品或服務介紹給我的朋友，而你希望我幫你聯繫我的哪位朋友呢？或者，換個說法，誰能真的因為認識你而受益？我的哪位朋友會真的從你所提供的服務中受益？

你想和我的朋友薩拉談談嗎？她是一位二十四歲的研究生，正在攻讀藥學學位；你想和我妹妹談談嗎？她在一家顧問公司工作、三十多歲、已婚，有兩個未滿七歲的孩子；你想和我的朋友亨利談談嗎？他出生在一個單親家庭，是一位四十多歲的企業招聘人員；還是你想和我的朋友珍妮佛談談？她是一位醫生，有一個就讀大學的女兒；或者，你想和我的朋友溫迪聊聊，是一位經營電子商務公司的企業家？

上述這些人的背景都大相徑庭，除非你賣的東西是他們每個人都需要的（比如，衛生紙！），否則，你必須更加明確地了解你產品的目標族群。

很多時候，我們對客戶或顧客的標準都是「任何有錢的人」；但是，作為企業家，我們的工作是要確立我們想吸引的客戶或顧客類型。你可能會對我前面所提及的那些人做一些潛在的假設，例如，在人口統計學裡，一位研究生與一位有女兒在就讀大學的專業人士截然不同；或是從心理學的角度來說，一位醫生與一位在快節奏電子商務世界裡的企業家可說是天壤之別；不過，以他們的職業來說，他們都是非常聰明且努力工作的人。

有一次，一位自由撰稿人問我是否有認識任何可以讓她提供服務的對象，我對那位撰稿人的了解不多，所以我問說：「你提供什麼類型的企業服務呢？」那位撰稿人回答說：「只要與文案有關的事情，我什麼都可以做。」

儘管她是那位尋求我幫忙的人，但她卻讓我做了最困難的工作——**定義她的理想客戶**；如果她告訴我說，「我為商業輔導領域的產品撰寫行銷文案」，或者，她如果是問我是否有朋友正要推出線上課程，需要有人為他們撰寫宣傳的素材，我當場就可以為她推薦十個人；但是，她說她寫的是「任何東西」，這回答對我來說，代表她並不清楚自己所做的事情；因此，我不放心推薦任何人給她，因為如果她把事情搞砸了，我的名字就會被牽連進去。

在一個我的輔導計畫中，一位客戶在我們的論壇上發佈以下內容的文章：

「我一直在努力縮小我的聚焦，一開始，我決定我要聚焦在領導人，但這太廣泛了，基姆建議我想清楚，『你想幫領導人取得什麼樣的成果？』但其實我的使命很簡單：我想幫助領導者為他們自己、為他們的家人和朋友、為他們的團隊以及為他們的組織或企業茁壯且團結一心地成長。

我希望他們能將事業建立的很好，並留下永久的遺產，換句話說，我是一名輔導員，透過輔導，我希望能幫助許多行業（商業、教會、政府等）的領導人快速成長；最後，我可能會想加入寫作和演講的領域，但現在，我希望我這一年是單純的輔導年，並非要試圖一次完成所有事情。

您對此有任何的想法或建議嗎？」

我的回覆：

「嘿，「不公布姓名」，我知道縮小聚焦可能很困難，但與此搏鬥是過程的一部分，所以我要大力地讚揚你；但同時，我也要告訴你，你目前的聚焦會讓你很難行銷你的事業，因為，這結果還是太廣泛、有太多事物了，光是你的文章中就提及以下九件事情：

1. 茁壯且團結地成長
2. 他們自己
3. 他們的家庭
4. 他們的朋友
5. 他們的團隊
6. 他們的組織
7. 或企業

8. 建立的很好
9. 留下永久的遺產

其實，你只需要從中選擇一個聚焦，其他可能會一起實現，或者可能沒達成，但那都無所謂，重點是你只能選一個。」

有段時間，我曾聘請過一位關係輔導員，這對我的事業有好的影響嗎？當然有；但對我的家庭？我的團隊呢？不知道；不過很明確的是，我的確是僱用那位關係輔導員來改善我的關係，因此，任何矛頭都需要一個明確的尖端，但如果關係輔導要包含我的事業、我的家庭和我的團隊，那麼，這方向還是太廣了；說實話，根本沒有輔導員能將這些事都做好。

對於這位先生來說，要確立目標是個較長的過程，這完全沒有問題。但是，從上面的敘述你會發現，如果他創建一個線上課程，教授那九項所有的內容，那將是一件多麼災難的事情？他將會在創建產品和行銷方面投入無數的小時和數千美元，卻發現沒有人要購買他的課程，這將使他士氣低落，而且可能會永遠放棄他創業的夢想。

個人品牌專家的五部曲

最成功的輔導員、演講者和思想領袖都是透過資訊產物使他們的專業知識貨幣化，這不是什麼秘密。在某些時候，你可能也想這樣做，把你的客戶和專案「產品化」，並透過線上課程、產品或高價活動建立多種收入的來源；但是，我現在要和你說實話，產品化有一個先決條件，就是**首先**要在演講、寫作、輔導或諮詢方面擁有很高水準的技巧。

我知道還是有人會馬上嘗試產品化，就像有些人會認為他只要模仿勒布朗．詹姆士（LeBron James）標誌性的亮點就能在 NBA 打球，比如，在二〇一六年，他在總決賽中對金州勇士隊那歷史性的「追魂鍋」（chase-down block），如果人們去詹姆士所在的籃球場，在地板上跑來跑去、在球道上跳躍，並試圖在天空中停留，然後把球釘在背板上，卻沒有鍛煉自己的體能、敏捷性和垂直跳躍，不會投籃、不會搶籃板、不會運球、也不會傳球，而只是簡單地練習追魂鍋那一招，然後就認為這將使他成為一位籃球高手，聽起來很荒唐，對吧？然而，在個人品牌領域中，這種情況卻**一直在發生**。

以下是個人品牌專家的五部曲：

1. 演講
2. 寫作

3. 輔導
4. 諮詢
5. 產品化

我曾有幸與思想領導力領域的一些大人物合作，所以，我可以毫不含糊地說，他們每一個人之所以都能成功地實現產品化，是因為他們掌握了演講、寫作、輔導和諮詢這前四個「劇本」中的一個或多個技能，唯有如此，他們才能夠實現產品化。

人們想透過創建線上課程、建立認證方案或撰寫書籍實現產品化；但是，他們沒有意識到產品化其實是五部曲中的最後一步，是留給那些至少已開發前面任一種技能的人所做的事情，比如，近藤麻理惠在出售她的家庭用品前，是一名顧問並撰寫了一本書籍；布芮尼．布朗在發佈她的認證計畫前，是一名作家兼演講者；麥可．海亞特在推出他的線上課程前，做了相當多的演講和寫作。

如果你沒有做任何前面四件事情，你怎麼能把課程產品化（和銷售）？這就是為什麼外面有那麼多劣質的資訊產物；而我，已經成為夠多劣質品的受害者了，例如，我曾購買一個行銷極好的產品，但是，當我看到課程時，卻發現它是「一〇一」級（初級）且似乎是從他人那裡複製、貼上過來的東西，這就是為什麼我要逼迫你驗證你的產品，並在**做這件事情的同時**，發展你的技能。

想一想你將學習什麼技能，像是大量在鏡頭前講話的經驗、能撰寫出教學要點、透過回答問題進行實時諮詢，或是輔導人們克服挑戰。當你走進錄音室錄製資訊產品或坐下來撰寫書中的內容時，這所有技能對你來說都將是無價之寶；此外，在你分享專業知識時，就真的像勒布朗・詹姆士一樣厲害。

而且，無論是在舞台上還是在電腦螢幕後面，每當有人詢問你問題時，你都知道怎麼發言，你還可以為演講或你的社交媒體帳號撰寫內容，或者，可以進行小組輔導或是一對一輔導，還能接受客戶的私下諮詢。

換言之，你可以根據「實時」的遊戲情況，決定自己要執行哪種戰術。

如果你真的想成為一個真正的專家，並創造出了不起的產品，以下是我推薦的步驟：

驗證、創建、精煉、重新發佈

創建產品時，你的第一個目標就是驗證想法；仔細聽好這句話：你不能簡單地製造某個東西，就開始行銷，並將其推向市場，然後**希望**這產品能賣出去。

看看那些即將上映且風靡一時的電影行銷活動，你會發現，他們在電影完成前，就已經開始進行行銷；但在這段時間裡，他們會不斷地召開小型會議，並提供創作者有關產品的回饋；然後，他們才開始進行大型發佈會。

以下是我在創造更強大的產品時，會遵循的四步程序（我經常免費做這件事，因為反饋相當值得。）：

1. 驗證關鍵問題，並確定潛在客戶最想要的成果。
2. 創建一個測試小組，與你的潛在客戶一起解決問題（這當然需要你輔導、諮詢、演講或寫作的技能）。
3. 精煉該計畫，並從不同地角度審視是否有更好的方式可以解決這個問題，包含線上課程、研討會、書籍和輔導的方式（你將能夠透過這種方式建立不同的收入來源）。
4. 重新發佈該計畫，並在新的媒介中以課程、書籍、研討會或其他產品的形式銷售。

如果你省略以上任一個步驟，你將錯過關鍵的見解，而這些見解可能意味著你報價成功與否的差別。

在驗證一個想法時，我第一件做的事情就是——確定關鍵問題。

這是我剛開始工作時（在我擁有一個龐大讀者資料庫前），我給同事和朋友們單獨發送的一封電子郵件，內容如下：

信件主題：這可能不適合你，不過⋯⋯

嗨，「姓名」。

我正在準備一個有關「主題」的培訓，我想你可能會有興趣！

我可以寄送一些相關資訊給你嗎？

注意：不要在電子郵件末尾的問題後面寫任何東西；不要說謝謝，不要說「我希望你一切安好！」，你必須用一個問題當作這封電子郵件的結尾，如此一來，才能形成一個讓人幾乎難以忽視的開放式問題。

如果有人回覆說「好」，會發生什麼事情呢？

我會向他們發送以下這封電子郵件內容，你甚至不用更改信件主題，只要在同一個主題中回覆他們的電子郵件即可；如果你創建一個新的電子郵件，只需要使用底下的信件主題：

信件主題：：兩個快速問題！

你好［姓名］，

真的很快，我只想詢問您以下兩個問題：

1. 你對［主題］最大的疑問是什麼？
2. 你會使用部落格、書籍還是播客，以了解更多有關［主題］的資訊？

你能告訴我嗎？

如果你認為這很簡單，沒錯。

簡單的事情也能奏效；先從十個人開始，你很可能至少會得到一、兩位積極的回應；如果這方法曾經成功過，那麼，它就可以再次成功，因此，就再選十個人，做好這些工作。

為什麼要寄送第二封電子郵件呢？因為我在教導你養成收集資料的習慣，**專家都是根據資料，決定行銷策略**；你之所以要詢問他們看什麼類型的書籍、播客或部落格，是因為你要了解你的競爭對手是誰；如果他們在第一封電子郵件的回覆是肯定的，那麼，你就必須發送第二封電子郵件，千萬不要擅作主張、偏離計劃；不過，你可以自行決定要如何與那些回覆說好的人進行聯繫。

其中一個簡單的方法是邀請他們參加一個私人的線上論壇；在早期，我使用一個名叫「Basecamp」的程式舉行論壇；現今，我改成使用一個稱為「Slack」的溝通平台。

回到詹姆士的例子，你不能再坐在球場的豪華包廂裡建立你的事業，因為或許，你在遠處也能給人留下深刻印象，但是，你只能從近處影響他們，所以，到球場上，和人們一起在泥土裡磨練吧！

一旦你幫助這些人，你就可以請求他們提供回饋，然後，修改你的內容，並重新發佈付費的會員培訓課程。所以，現在，花時間遵循這個過程，將確保你創造一個能真正幫助人們的產品或服務，屆時，人們會把他們辛苦賺來的錢給你，並把你為他們所做的事情傳播出去，以作為對你的回報。

這正是我創建「你的品牌藍圖」的方式，我花了很多時間反覆推敲，並根據多年來與真實客戶合作的經驗，不斷地修改方法，再加上，我的客戶都會向我展示他們在「你的品牌藍圖」的過程中遇到哪些問題，而當事情成功時，我就能讓他們享受在勝利之中；因此，只有在經過反覆多次的修改後，我才能無愧我心地把我的步驟寫進你現在正在閱讀的這本書內，並與更多的人分享這些步驟。

你希望錢從何而來？

現在，我們已經涵蓋產品的所有步驟，讓我們開始了解一下你想要創造的收入流概況。

收入流

服務（主動式收入）	混合	產品（被動式收入）
輔導（一對一或小組）	課程＋輔導	聯盟收入
諮詢計畫	輔導＋課程	文件和模板檔案
自由職業者		課程
現場活動		書籍

先將一張紙分成三欄，在左邊那一欄寫上「服務」，在中間那一欄寫上「混合」，在右邊那一欄寫上「產品」；服務是屬於主動式收入，意味著你將用時間換取金錢；被動式收入則是指你將創造一次產品，並在之後持續銷售而產生的收入；而混合型收入，顧名思義，就是包含主動式和被動式收入，例如，你提供為期一年的線上課程，同時，還每月提供輔導電話。

現在，請列出任何你事業中擁有或希望擁有且能為你帶來收入的東西，下圖為一個簡單的例子：

這是我上面列出事物的一般規則：**較低的價格需要較高的流量**，例如，創建一個課程或撰寫一本書籍都很好，但如果你想賺錢，你將要爭取大量的網路流量和領導力，因為這些產品都比較便宜，所以，簡言之，你必須賣出大量的書籍，才能獲得六位數的收入。

這就是為什麼我一開始選擇做教練、顧問和自由職業者，因為當時，我並沒有足夠多的受眾可以銷售被動且低層次的產品，而且，這些選擇都能讓我發展有價值的技能。

我們已經介紹完驗證、創建、精煉和重新發佈的整個過程，所以，現在，讓我們將注意力轉向你可以創建的幾種產品；我將在這裡介紹聯盟佣金（Affiliate Commissions）和文件與模板檔案（Documents & Templates Files）這兩個產品。

聯盟佣金

這產品很容易，因為它不需要花太多時間建立。

雖然一開始的回報或許不大，因為你可能沒有大量的受眾可以銷售，但隨著你的受眾越來越多，這方面的收入也會越來越多。

思考一下你正在使用哪些工具和應用程式，看看你是否可以註冊並與這些產品或服務進行聯盟，比如，我最早聯盟的產品是一間我在使用的網頁託管公司，我錄製了一個有關如何在這間公司建立託管帳戶的螢幕截圖，並與我的聽眾分享，然後發佈在我剛起步的部落格上，並推薦這個產品，當時，只要有一位客戶註冊，我就能賺到六十五美元的佣金。

那時，還在做全職日間工作的我一直在想，「六十五美元比大多數人一小時賺的還多！」後來，我發現，我用於行銷的電子郵件服務供應商也有聯盟計劃；我用於捕捉電子郵件網址的軟體也有聯盟計劃；我的播客製作人也有聯盟計劃；甚至，我用來紀錄我待辦事項清單的生產力應用軟體也有聯盟計劃。

多年來，我的「技術棧」（tech stack）已經改變了，但每當我改變我的工具時，我總會看看它們是否有聯盟計劃（如果你想知道我用於經營事業的最新工具清單，請至MikeKim.com/tools 網站上查詢）。

聯盟收入的魅力在於它的規模化，你創造一次，只要有新人不斷地註冊，就有助於加速你的收入。

在我們繼續之前，請注意，推薦其他人的工具、產品或資源都是很好的事情；但我鼓勵你只推薦你認可且與你的品牌形象一致的產品，而不要只是為了賺錢而聯盟，因為如果這樣做的話，會效果不彰，你的聽眾會看出來，他們會對你失去信任；最後，你的名字會面臨危險，所以，記得要過濾你所要推廣的對象。

因此，當我推薦任何種類的產品時，我個人的方式是，這產品必須是我真的相信、喜歡且認為有幫助的東西。

文件和模板檔案

另一個很容易建立被動式收入的方法是：銷售文件和模板檔案，因為它們不需要花很多時間創建，也不需要大量的行銷活動推廣。

我的大部分聽眾都是企業家或是有抱負的企業家，因此，我只是簡單地創建一些與行銷無關，但我希望在我事業起步時能使用的表格、模板和文件，例如：

1. 客戶建議模板
2. 銷售電話腳本
3. 工作流程和標準操作程序

不，這些都不是「性感」的產品，我也不可能靠創造這些檔案，過一個完整且全職生活；但多年來，這些產品為我帶來了相當多的收入，因為我的受眾越來越多。

所以，把你的日常工作的流程拿出來銷售，我將其稱為「炸薯球準則」（Tater Tot Principle）；炸薯球（Tater tots）發明於一九五三年，當時，美國食品公司「Ore-Ida」的創始人弗朗西斯・尼菲・格里格（F.Nephi Grigg）和金格・里格格（Golden Grigg）正試圖找出如何處理製作薯條後剩下的馬鈴薯，於是，他們把剩下的馬鈴薯碎片，加入一些麵粉和調味料，結果，薯球讓他們成為冷凍食品帝國！

我將這個原則應用於一個最近的產品，該產品是由我的營運總監切爾西．布林克利（Chelsea Brinkley）創建的工作流程模板所組成；布林克利是從我創立事業時，就開始與我合作，時至今日，我們已合作多年，多年來，她幾乎為我所有的流程都創建了工作流程模板，包含播客創作、社交媒體內容創作、現場活動預訂、旅行預訂、教練契約、諮詢契約等各種事項。

於是，我們錄製了一系列的播客節目，介紹我們如何一起工作、如何創建這些工作流程，而這系列的影片也已成為我事業一個非常好的收入來源。

不要再讓別人免費挑剔你的大腦

我不能在這一個章節結束時，只跟你談論提供服務的問題，而沒有鼓勵你為自己建立健康的界限；你可以說我瘋了，但我認為任何人都不應該不聽你的意見，就購買或免費使用你的時間或「請教你」（pick your brain）。

如果有人想與我一對一的進行合作，或是合作進行一個小型團體的輔導或大師級的計劃，我總是有個程序，像是一份簡單的申請表或接收表，通常這些表格就能提供你大部分的答案，讓你決定是否要與這個人合作，讓他成為客戶（告訴那些想請教我的人，我有提供一對一的付費輔導服務，是保護我時間和精力的好辦法；如果他們想要免費的建議，他們可以聽我的播客或閱讀我的部落格）。

以下是如果有人想與我合作的步驟，其步驟很簡單：

他們要填寫一份客戶接收表或申請表（然後我會決定是否要與他們繼續進行下一個步驟）。

如果我覺得不錯，我就會發給他們一個鏈接，讓他們預約通話。

在雙方交談後，我會決定是否要與他們合作，若要合作，是要讓他們與我進行一對一地工作還是加入我的其中一個小組。

你可能會想說，「基姆，從理論的角度切入，這聽起來是個相當不錯的流程；但是，你真的會讓**每個人**都填寫你的表格嗎？」

嗯，是的；甚至許多大名鼎鼎的客戶也都填寫了我的表格，因為這步驟能加強我對他們的定位；如果某人無法滿足我，連幫我填寫表格或安排電話交談這種簡單的要求都做不到，那麼，從這些舉動中，我就可以知道他們之後與我合作時的認真程度；因此，我也曾經拒絕過我所在行業內的知名人士，僅僅是因為他們不想尊重我的工作流程以及我管理時間和事業的方式；而我很難想像，如果我最終和他們一起工作，這些人將會跨越什麼樣的界限。

擁有一個實際的個人品牌事業使我成為客戶的合作夥伴、合作者，有時甚至是導師，即使他們的地位比我崇高許多；這就是為什麼，當其他人都渴望以自由職業者的身份與這些事業有成的人合作時，我的定位能比他們高出許多，因此，到現在為止，我請你做的所有事情都很重要。

你有一個觀點、有一個人故事、有一個平台，而且你清楚自己的定位；這時，隨著你品牌的成長，你就可以決定要與誰合作，而不是他人來決定是否要與你合作。

我向你發起的挑戰是，不要走捷徑。驗證、創造、精煉和重新發佈，每個步驟都很重要，如果你能確實按部就班地完成以上四個步驟，你將能創造你自己的框架、過程還有方法，並能將自己定位為一位真正的思想領袖，而不是外面許多的思想重複者。

在下一個章節中，你會學到一些實用的方法，以幫助你確立你的定價，並為各個獨立的項目設定費用；此外，還會使用一些真實的例子，以說明如何向你目前的客戶提高價格。

第8章

定價：人們喜歡購買，但不喜歡被推銷

對大多數人來說，定價的秘訣聽起來像是某種異國情調的雞尾酒，好比加了等量的心理學、策略和時間調製而成的雞尾酒，最後，再撒上一些數學知識。

好消息是，如果你清楚你的定位和你所提供的產品類型，那麼，你就能更容易地進行定價。讓我們從依照小時收費的定價開始介紹。

我其實不喜歡按照小時收費，因為按小時收費時常會產生利益衝突，換言之，就是你的客戶會想盡可能地少花錢，但你則想盡可能地多賺錢；此外，這方法最糟糕的是，服務結束後，最終會是以時間衡量客戶所需支付的金額，因此，這變成把服務的重點放在投入，而不是產出上，但其實，如果我僱用一位網頁設計師，我並不關心他在這項專案上花了多少小時，而是關心他有何產出。

我不希望在單據上有一個「工時」的欄位，彷彿是一位汽車修理工獲得的工資表。我只希望有一個好的網站，並得到應有的費用，以汽車修理工為例，或許外面有許多誠實可信的汽車修理工，但我真的請到過一些故意花很多時間修理，以增加帳單金額的汽車修理工。

不過，在某些行業中，按照小時收費是相當有意義，比如，做水療、按摩、與體能教練一起鍛煉等行業；然而，其他行業可能一直以來都是依照小時收費，但其實，人們相當沮喪自己無法改變該行業的計薪方式，例如，如果你詢問任何一位律師是否喜歡按照小時計費，他們都很有可能給你否定的答案，因為他們若是將工作越做越好、越做越快，他們所賺到的錢就會越來卻少；但不幸的是，這就是他們行業的運作方式。

我們將在本章的後半段討論如何擺脫按照小時的計費模式；現在，讓我們先來談談如何按照小時收費。

要你通過「水泄不通的交通」每小時的價格是多少？

有一個簡單的準則，讓我可以確定每小時的費用，我將其稱為「水泄不通的交通原則」（記住，我來自新澤西）；就是比方說，我有現金要給你，但唯一的問題是，你必須開車一個小時並穿過你所能想到最糟糕的交通堵塞道路，才能領到這筆錢。

每當我想到自己進出紐約市時，經歷無數天的交通堵塞時，我就能馬上湧現那種憤怒的情緒，比如，喬治華盛頓大橋、林肯隧道和荷蘭隧道，這些都不只是從新澤西州進入大蘋果（紐約）的路徑，它們還是希望和夢想的歸宿。

總之，請說出一個你曾去過且交通相當可怕的地方，比如，紐約市、洛杉磯和亞特蘭大，或是，一個在你當地星期五晚上五點時的小鎮情況。

如果你不得不坐在車子一輛接一輛且停滯不前的交通中去拿錢，然後，再開三十分鐘的車回家，那麼，我得給你多少錢你才願意來拿？五十美元？一百美元？五百美元？還是一千美元？這個例子一直能幫我確定我每小時的費用。

目前，我唯一提供按照小時收費的服務是一對一的電話輔導，換句話說，就是人們可以透過我前面概述的步驟，包含「填寫表格、預訂電話、雙方對談」，以報名參加我的電話輔導的服務。

當我第一次提供這種電話輔導的服務時，我收取一百美元；後來，我收取三百美元；接著，我改為五百美元；有一次，我開出一小時電話輔導需收取一千兩百九十七美元的價格，人們居然也報名參加！

你可能會覺得只為了和他人談話一個小時，而花那麼多錢，感到相當不可思議；不過，那些願意付費人卻覺得習以為常；因此，這可能意味著你認為電話輔導的這項服務並不值得這麼多錢，但這項服務的價值其實相當主觀；對於那些願意付費購買電話輔導的人來說，他們可能覺得很值得，因為他們會覺得這通電話輔導的價值並非在於時間的長短，而是在於他們**得到問題解決方案**的價值。

隨著我的事業不斷地增長，我的時間對我來說變得越來越有價值；當我看著自己花一小時進行多人電話輔導或網路研討會，且有越來越多買家願意以每小時一千兩百九十七美元的費用購買我的個人諮詢時，我也不覺得有什麼意義；你可能會問，「基姆，那你會為了五千美元的現金而開車來回三十分鐘嗎？」也許吧。

不過，我絕對不會想接一個五千美元的文案寫作合約，因為這個合約，我可能要花三十個小時才能完成，如果要接這個合約，我還不如以每人五千美元的價格賣出一張研討會的門票，並且可以提供多位與會者的名額。

請理解，我分享這些不是為了炫耀自己有多厲害；我是希望你的事業能發展到你所想要的任何規模、任何比例或是任何價值，這就是我的觀點。

你有權決定你要如何經營你的事業，如果這個事業適合你，那麼，我很為你高興，而且會為你歡呼；但我的建議是，你始終要小心，不要投入許多時間，卻只得到微薄的金錢。

產品的定價層級

談到產品的定價，像是線上課程、書籍或是其他資訊產品，大多數人都是按照他們認為市場會願意支付的價格定價；但是，與其按照他人的收費標準，不如自己設立一些定價層級，以更有主見的方式思考這個問題。

通常，我認為最低層級的定價是**一百美元以下**的產品，而這些產品通常都是被動式收入，且不會有任何形式的支持，比如，實時的電話或持續性的輔導。

當涉及到我自己的資訊產品時，我通常會以二十九美元、四十九美元或九十七美元為單位收費；然而，這些數字並沒有什麼魔力，只是我發現這些定價可以讓我賣出更多產品，因為任何低於一百美元的產品通常都屬於人們「衝動購買」的範疇，換言之，就是人們不會認真思考太多有關購買的問題，就直接購買了。

第二層級的產品定價是落在**一百美元到五百美元**之間，像是你經常會看到人們以一百元的增量為某些產品定價，比如，一百九十七美元、二百九十七美元、三百九十七美元、四百九十七美元，或者，直接把最後一個數字換掉，改成收取一九九美元、二九九美元、三九九美元或四九九美元。

偶爾，有些我輔導電話的費用會落在這個價格區間，但如果人們不持續支持此項服務，那麼，我很可能會以這些價格銷售被動式產品。（有資料顯示，只要你的定價超過五百美元，你就已超過人們會衝動購買的門檻，換言之，人們在購買任何超過這個金額的東西時，就會考慮得更多，因此，這是我們必須意識到的事情）。

第三層級的產品定價就更高了，其價格會落在**五百美元到一千九百九十九美元**的區間，在這區間中，我曾見過的價位有七九七美元、九九七美元、一千兩百九十七美元、一千四百九十七美元和一千九百九十七美元。

從定價可知，這些是更強大的服務，通常會是混合型產品，比如，購買者可以獲得線上課程和現場活動的門票或持續性的輔導電話。另外，通常定價落在此層級的產品，都會提供付款不同的計劃。

第四層級則是指任何定價**高於二千美元**的產品，在這個定價範圍內的產品或服務可能會需要銷售電話或銷售代表的服務，因為潛在客戶往往會希望透過交談，以確定該產品是否適合他們，比如，我曾經有位客戶是以五千到七千五百美元的價格出售一個使用其知識產權的認證計畫，但由於涉及到財務保證，因此，他有一個完整的全職銷售團隊。

上述這些層級都不是硬性的規定，所以，你也不用提供符合每個層級的定價；換言之，訂定這些層級的目的，只是作為指導方針，幫助你篩選出一些混亂的情況，也就是說，如果你將產品的目標族群定位為較高階層的購買者，並提供他們巨大的價值，那麼，你就應該設定相對應的價格。

不過，你必須了解一件重要事情：一個產品比較便宜，並不代表它更容易行銷；請記住，產品的價格越低，你就需要越大的流量，所以，無論你如何定價，你仍需要為這些產品撰寫文案、建立網頁，並創建行銷資料。

定價心理學

有一個關於海濱城市紀念品商店老闆的故事，就是她有一些綠松石的首飾總是賣不掉，而且無論她怎麼努力，就是沒有人要購買這些珠寶；有一個週末，她要出去渡假，於是，留了一張寫著「打二分之一折」的紙條給週末負責幫他顧店的經理；但因為她的字跡有點潦草，導致她的經理以為她寫的是「打兩倍」（將珠寶的價格翻倍）；結果，當老闆回到店裡時，發現所有的珠寶都以雙倍的價格賣出去了！

定價往往反映了價值。

另一個真的讓我了解定價心理學的原則是一個名為「杯子蛋糕和餅乾」的比較測試。

比較測試（或稱A／B測試）是指針對一個產品製作兩種不同的版本，並簡單地比較看哪一個方式的效果較好。

行銷人員和定價顧問經常引用以下這個著名的比較測試，該測試取自於一個烘培的銷售：

1. 第一個優惠：一美元可以購買一個杯子蛋糕和兩個餅乾
2. 第二個優惠：一美元可以購買一個杯子蛋糕，並贈送兩塊免費的餅乾作為獎勵。

儘管購買者**花一美元所購買到的是完全相同的東西**，但第二個優惠的銷售量卻遠遠超出第一個優惠。

所以，簡單地重新定位你所提供的東西，可能會產生截然不同的結果，也就是說，以一種讓你的潛在客戶會覺得他們自己很聰明的方式，提供好處並綑綁銷售。

好處三明治

如果上述是真的，那麼，就會產生一個問題：「我怎麼知道應該提供哪些好處？」

幾年前，我聽到「Social Triggers」公司的創辦人德里克．哈爾彭（Derek Halpern）談論一個他稱之為「好處三明治」（The Bonus Sandwich）的東西，我覺得相當有用，說明如下：

1. 最上層的麵包：一個非常有價值且有限的好處，此事物可能比你所訂定的價格更有價值。

2. 三明治中間的肉和蔬菜：你所訂定的價格。
3. 最底層的麵包：一個有價值且可擴展的好處，幫你的定價加分。

在銷售線上課程（「肉和菜」）時，我經常做的事情就是提供前十位註冊該課程的人「最上層的麵包」，即一對一的電話輔導作為獎勵；此外，我還會分享通常我進行電話輔導的價格，以增加人們的感知價值，因為這是我的時間；而我可能以一套文件和模板作為最底層的「麵包」，因為這些文件和模板我通常會以較低的價格在我的網站上出售，不過，這仍對我課程成員來說相當有價值。

另外，我還有見過其他許多好處，比如，一張現場研討會的門票或是幾個月的輔導電話，這些好處都是屬於「混合」那個欄，但你之後會需投入大量時間，以兌現這些好處。

不過，不管哪種好處；關鍵是，這一切都取決於你，所以，趕緊研究其他定價模式，看看你能提供什麼樣的好處，比如，有些人可能會提供一個「VIP」等級的計畫，其內容包含輔導電話和一些好處，或是，提供一個「家庭學習」等級的課程，讓不想支付額外費用的人們也可以獲得影片。

按照你的價值收費，然後再增加百分之二十

因為交易的不確定性，所以要根據不同服務制定不同的定價，人們才會覺得價格合理；而造成交易不確定性的變數包含：你不確定你客戶的預算是多少；你不確定你在專案中需要投入多少精力；你也不確定客戶是否是位容易合作的對象等。

在我分享一些為各種服務項目定價的方法之前（感謝我的一些好朋友），讓我先提醒你一下——無論你決定收取多少費用，記得再增加百分之二十，你會驚奇地發現，你的感覺會好很多，因為這額外的百分之二十費用，會給你額外的能量，讓你在前往活動或與客戶會面的過程中，有動力克服令人頭痛的問題；在計畫混亂的過程中，有動力解決任何問題，或者忍受一些不可預見的挑戰。

因此，請習慣為自己賦予比平時更多的價值；但可悲的是，大多數人都傾向於低估自己的價值。

服務項目的價值定價

我有幸認識幾位擅長定價的專家；第一位是柯克・鮑曼（Kirk Bowman），他是我在參加一位同行輔導大師的小組中認識的，鮑曼是一間名為「MightyData」公司的創辦人，也是《價值

藝術》（*Art of Value*）的播客主持人，此外，他也是我遇到第一批實踐價值定價的人之一。

根據美國知名金融網站「Investopedia.com」的定義，價值定價（value pricing）是一種主要根據消費者對於相關產品或服務的感知價值，以確定價格的策略；簡言之，價值定價是一個以客戶為中心的定價，也就**意味著公司的定價是基於客戶認為產品的價值而制訂價格**。

鮑曼第一個使用價值定價製作提案的產品內容是定制醫療保健的應用軟體，當時，鮑曼在確定該計畫將為客戶創造的價值後，他就提高一倍他所要收取的價格，結果，依然獲得合作合約。後來，在十二個月內，鮑曼把他所有原本按照小時計價的客戶都轉為按照價值計價，使他的收入在第一年就增加了百分之五十六；第二年，他的收入增加了百分之七十九；然後，他就「從未回頭」。

在我們見面後不久，我就在我的播客中採訪鮑曼，而那次採訪是我在價值定價方面收穫最多的談話之一；在那次的談話中，我記下了大量的筆記；其中，他與我分享的事情中，最有幫助的東西之一就是他的九宮格（9-Box）定價法。

創建九宮格定價法的方案

我根據自己實際應用九宮格定價法和教導他人的經驗，將鮑曼的九宮格定價法進行了一些

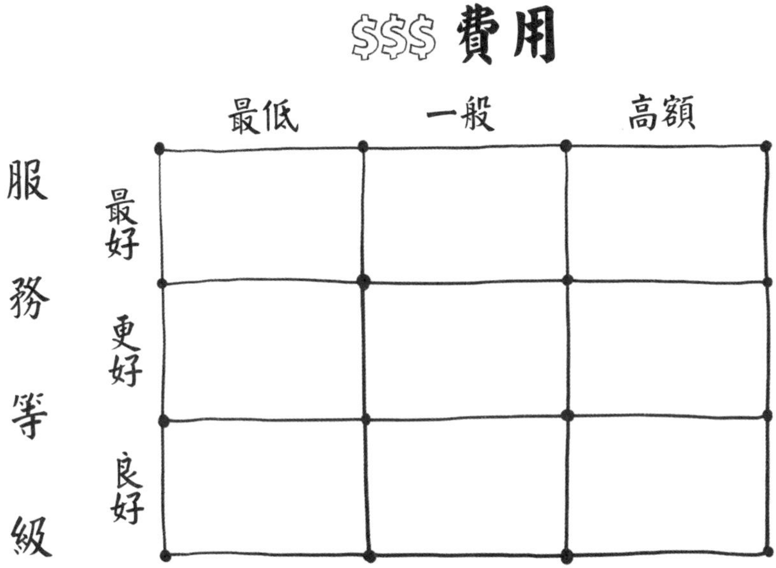

修改；但不管是原版本，還是修改後的版本，其九宮格定價法的關鍵就是要創建一個三×三網格，然後根據客戶與你合作所獲得的價值量，以衡量你所要收取的費用。

在這個網格的左側，你可以由下而到上地將方框設定為「良好」、「更好」和「最好」，以代表你將提供的服務水平。（很明顯地，我並不是指你的工作質量，因為我相信你應該始終都會盡可能地提供最好的服務給客戶；所以，我指的是你在計畫中的參與程度，以及客戶將會獲得多大的價值。）

在網格的最上面，你可以由左到右地

寫下你將根據不同的服務收取「最低」、「一般」和「高額」的費用。

» 最低金額是指你願意做這項服務的最低可接受金額，所以，任何低於這個金額的工作都不合適你。

» 一般金額是指會讓你覺得舒服的金額，你可以把此金額看成是「製造商的建議零售價」（manufacturer's suggested retail price），好比你經常在汽車、電子產品和電器上看到的價格一樣，所以，你就像任何供應商一樣，你可以更改這個價格，但前提是你要對這層級服務的標準費用有個大致的概念。（請確保已再添加百分之二十的費用！）。

» 高額費用則會讓你非常滿意地提供服務，但如果你不設定一個高額費用的服務，你將永遠無法獲得高金額的合約。

所以，最重要的是你的心理，你要真的學會接受那些讓你感到不舒服的事物。

把那些不舒服反映在價格上吧！

（使用九宮格定價法的好處之一是，這方法將迫使你評估和確立對於「良好」、「更好」和「最好」的服務定義，而你對於每項服務的想法可能都截然不同；所以，我每一項服務都會單獨使用一個九宮格定價法的網格定價。）

再說一次，當涉及到服務水準時，你只要考慮你對於計畫的參與程度和客戶將會獲得的價值，例如，幾年前，我的好朋友邁克爾．哈德遜博士（Dr. Michael Hudson）請我幫助他的一位客戶，重塑其巨型金融機構的品牌；後來，哈德遜想知道我的收費金額，因為作為一位有經驗的顧問，他知道我會根據我的參與程度和創造的價值，提出幾種不同的收費方案。

在上述的例子中，「良好」的服務意味著與客戶的行銷團隊進行幾次線上的視訊通話，在通話中，我將審視他們的想法，並提供一些我自己的想法；然後，為他們的品牌重塑活動提供高水準的策略和見解，就好比他們在駕駛汽車，而我坐在後座指導他們一樣。

「更好」的服務則意味著我將搭乘飛機前往他們的總部兩次；第一次是與他們的行銷團隊進行為期兩天的品牌規劃會議；而第二次則是與他們的執行團隊再進行為期兩天的品牌規劃會議；此外，我還要在召開實體會議的前後，找時間與他們進行線上通話，並在整個品牌重塑的過程中，都為他們提供線上通話的服務，直到重塑的品牌正式上線。如果繼續使用汽車作為比喻，那麼，「更好」的服務就像他們在駕駛汽車，而我坐在副駕駛座的位子，作為他們的導航員，直接告訴他們，接下來有哪些地方要轉彎、什麼時候要做出某些決定，以及我所看到的未來狀況。

「最好」的服務層級則是除了包含前面兩個等級所提供的一切服務外，我還會直接為他們的品牌重塑撰寫行銷資料，其內容包括商業廣告、線上廣告和大型廣告牌，以及幫他們與員工進行內部溝通；除此之外，我還會飛往他們要舉辦活動的城市，參加他們的大型品牌重塑活動；在那裡，他們的首席執行長會向他們全體員工（超過一千人）揭開品牌重塑的序幕，並可能會請我上台向觀眾介紹品牌重塑的想法。在這種情況下，就好比我在駕駛汽車，而客戶則是坐在副駕駛座的位子。

在確定所提供的服務內容後，我開始根據不同層級的服務，設定不同金額的價格，我通常都從「最低」的金額開始定價，因為我發現對我（以及大多數我所教導的人）來說，從他們所提供的服務中，先決定必須收取的最低金額會較容易，因為這金額會提供我們一個基準；然後，我們會在此基礎上，繼續評估其他較高階服務的應收價格；最後，適當地填入其餘方框的所有金額。

一旦你擬定這些數字後，你就可以決定你要把哪些數字放到提案中：高額、一般還是最低的價格；不過，提醒你，如果你只提出一個方案，會大幅減少你獲得任何工作的機會；所以，如果你願意將三種合作方案（「良好」、「更好」、「最好」）都向客戶提出會更好，因為，如此一來，你的潛在客戶就可以做選擇。

請記住，人們喜歡購買，但他們不喜歡被推銷。

另外，使用九宮格定價法能讓你在為某些客戶定價時，保有很大的自由，正如我的朋友保羅．克萊因（Paul Klein）所說：「你可以按照客戶定價，而不是以服務定價。」畢竟，沒有人規定你提供不同客戶，相同的服務時，一定要收取一樣的價格。

這又回到價值定價的概念中。

以前述的金融客戶為例，金融機構的重塑品牌計畫所涉及的利害關係，明顯高於某人只要重塑一個很少粉絲的播客品牌；因此，由於客戶的風險不同，其價值也將截然不同。

最後，使用九宮格定價法還可以讓你針對那些可能變成令人頭痛的客戶，收取適當的費用，比如，你要向一位要求很高的客戶收費（就是那種整天會不停發送電子郵件給你，或是一直打電話詢問你問題的客戶），透過九宮格定價法，如果你能賺到一筆相當高額的費用，那麼，你可能就願意容忍這位客戶。

相反地，如果你只向那位要求很高的客戶收取你「最低」金額的費用，或者，只是隨便拋出的一個金額，那麼，最終，你可能會陷入一種情況：你以最低水準的服務，收取最低的費用，卻做最高水準的工作。

千萬不要跳過九宮格定價法！

如何提高你的價格

你很有可能在你事業的某個階段，需要提高價格，這是理所當然的事情，因為如果你的工作越做越好，而且為客戶增加越來越多價值，那麼，你就應該獲得更多的金錢！

不過，無論是對於新的客戶還是現有客戶，我們該如何提高價格呢？

如果你是要對新客戶提高現有服務的價格，這很容易，因為你所要做的事情就是——只要提高價格，因為他們對於你的收費區間沒有任何概念，所以，你可以簡單地開始以新的基準報價。

而這正是我事業剛起步時，我對我前幾名客戶所做的事情，讓我更詳細地說明一下，一開始，我向其中一位我第一批的客戶收取五百美元的費用，但最後發現，是一個工作量相當龐大的工作，我不僅花了好幾個星期與他進行許多小時的通話，我還要為他撰寫網站文案、幫他制定產品和服務的定價；此外，我還要幫他發展他的社交媒體，然後建立他的電子郵件列表。

聽起來很瘋狂，我知道！

不過，他是我第一批客戶中的其中一位，所以，我提供他很多幫助，因為我想要他的事業成果，以及他對我所做事情提供良好的評價；後來，他因為我的計畫，獲得相當大的成就，因此，很高興地把另一位需要做類似工作的同事介紹給我。

然而，唯一不同的是，我向這位被推薦來的客戶收取了二千美元，換言之，我從客戶一變成客戶二，加價百分之三百；而且重點來了，相較於第一位客戶，我花較少的時間就能完成第二位客戶的要求；因此，如果我按照小時收費，我就會賠錢；不過，因為我是基於價值的進行定價，所以，這方法能使你因為事情做得更好，而收取更多的費用。

在第二位客戶之後，對於每位新的客戶，我都訂定了新的收費基準，比如，對於我的第三位客戶，我又多收了百分之二十；不過，那位客戶也取得非常好的成果。之後，因為我看到自己為客戶帶來的價值，因此，我持續提高我的收費金額。多年來，隨著我專業知識和品牌的增長，我現在經常收取五到六位數的價格，才願意幫私人工作。

一個提高價格的簡單腳本

現在，如果你要向你目前已提供服務的現有客戶提高價格，這可能會有點棘手，而這問題的困難點在於你要如何和舊有客戶溝通價格會有所改變這件事情。

其中，我所知道一個最好的例子是來自我長期的播客製作人和同為大師級成員的丹尼·奧茲蒙（Danny Ozment），奧茲蒙在經營一間名為「Emerald City Productions」的公司，是一間專門幫助企業創建一流播客的行銷公司，因為奧茲蒙是「納什維爾錄音室」的老闆，因此，他當然能充分說明他客戶的聲音品質（包括我的節目），而且，他也是播客行業的先驅，並製作了一些市場上最大的節目。

因為奧茲蒙的團隊製作每一集都會實際花費許多時間（他們必須聽完一整集播客，才能進行編輯），因此，最後，他不得不提高收費價格，而以下是他與舊有客戶要進行價格調整的內文：

親愛的［客戶］：

這一年對我和我的企業來說都是迅速學習和成長的一年，而你，就是我們這一年成長的催化劑，為此，我非常感謝你！

首先，想先和你分享一個簡短的故事……

在今年的上半年，我在《她播客》（*She Podcasts*）上做廣告，並分享關於如何提高播客音質的技巧，作為該活動的一部分，之後，我還透過電話，免費幫助播客們進行聲音評估，平均一個月，我進行七通電話，而在這些通話中，我相當驚訝人們與我分享的經驗，因為與我交談的人之中，至少有一半的人提及，他們以前曾與知名的播客製作公司合作，或者，他們目前正在與這些公司合作。

這些公司在大型研討會的知名度都很高，而且其中有幾個是眾所皆知的品牌……但毫無例外的是，我聽到的經驗都一樣……如下：

1.「我覺得沒有人在乎我的節目。」
2.「在我看來，我是在和實習生們一起工作……」
3.「在他們的服務中，我根本無法找到能吸引我的人一起工作。」
4.「我付出的金錢絕對超過我所得到的價值。」

當時，我聽到了許多難以取悅人們的聲音，因此，我相當慶幸能有像你這樣如此懂得欣賞且容易合作的了不起客戶……

後來，那些通話讓我下定決心要利用我曾是專業錄音師的經驗，為所有客戶提供親力親為且精品級的服務和手工製作的高品質聲音，我也希望能夠靈活運用，換言之，我希望到最後一刻都能照顧到我的客戶，因此，我會親自監督並簽名，以審核「Emerald City Productions」的每一集播客製作。

為了保持這種服務和品質水準，意味著我必須限制我們每週的工作量不超過二十到二十五集；此外，為了讓你和我所有的客戶都保持這種品質和關注度，因此，在過去的一年裡，我增加了我的團隊成員，增加了一位專案經理和幾位經驗豐富的全職錄音工程師擔任編輯和混音工程師，且購買最高水準的處理和分析軟體，並在我目前宣傳的製作套組中增加更多服務，因此，我將大幅提高對於新客戶的收費標準。

然而，為了讓我的事業繼續發展，我只好再做出這個額外的改變：為了收取與我所產生價值相應的費用，你需在三月一日前，升級使用更高金額的服務套組，因為你現在所用的是較低／較老的收費金額。

作為我重要的客戶，因此，我讓你優先在我的生產日程中卡位，如果這對你完全不具吸引力，我完全能理解；但如果你想繼續與我合作，以下是你的新價格，此價格將在三月一日生效，而我最基本的製作套組費用為：X美元。

然而，這價格其實比我目前所要支付的廣告價格還少，但這是一個對於忠誠的折扣，以紀念你這段期間作為我的一位寶貴客戶，且這個價格至少在兩年內都不會再改變。

另外，在「標準套組」中除了包括你先前購買套組中的所有服務外，還會加上升級到標準套組後，所增加的額外服務和福利（如下所列）。

請注意，粗體字的服務是標準套組中通常沒有的升級服務，但由於你對這品牌的忠誠，我們將這些服務免費提供給你，以作為獎勵。

新的費用：X美元

新的範圍和新增服務：「新增服務的清單」

你覺得這些是有助於你的服務嗎？如果不是，我完全能理解，我們可以幫你調降服務級別，提供我的「基本套組」，以保持價格在X美元／月，你可以回想一下基本套組，其主要的差別只是在於此套組不包含詳細的實時編輯。

但如果你覺得這兩種方案都不合適，那麼，我將盡我所能地幫你找到一個金額較低的選擇，以滿足你預算的需求。

感謝你長期以來一直是我重要的客戶。

我非常感謝你和我合作這麼久的時間，並感謝你讓我們有機會能使你的節目聽起來品質更好且更加專業。

在合作的過程中，我希望我每週都有給你時間去做你最擅長的事情，發展你的節目、群體和事業，相反地，我也希望你會選擇留在我身邊，讓我在你未來的成長過程中，繼續幫助你。

愛和感激！

奧茲蒙

奧茲蒙在創業初期做得非常好的一件事是將自己定位為頂級的製片人，而且，他在講述創始人故事和商業故事的方面，也都表現得相當出色，因此，當奧茲蒙向他的客戶提出調高價格的提議時，**沒有任何人反對**。

奧茲蒙是一位播客重度使用者，因為他發現播客是他在照顧家庭的同時，能使他在個人和職業上都有所成長的最佳途徑，此外，如先前所提，奧茲蒙也曾是「世界音樂之都」納什維爾的一名錄音室工程師，這使他有個讓他人難以比擬的權威等級，因此，奧茲蒙透過他的故事、產品、服務、品牌，以及……是的，他的定價，以確立他的地位。

所以，即使你向長期客戶提高價格，他們也很可能會願意支付你。畢竟，人們不喜歡改變，因此，只要人們很難取代你，客戶往往就會願意支付較高的價格，因為要去找其他人做你所做的事情是件相當痛苦的事情。錢是跟著影響走的！

令人驚訝的是，我們往往忽略了我們為他人提供的價值，反而在向客戶報價時，感到相當愧疚。不要高估他人，低估自己！

你的天賦是你的正常，而你的正常正是他人的「奇怪」，所以，他人想知道要如何以你的方式看待問題，以你的方式解決問題，還有要如何只以簡單的步驟和技巧就能創造出卓越的成果。

朋友，相應的價格！

第9章

推銷：最有效的行銷策略是簡單地說出實話

前面提及，我在大學休學時，找到一份有關電話銷售工作，雖然我不喜歡以撒謊為生；但那份工作教會了我一件事——就是按照腳本進行推銷的重要性。此外，在那份中作中，我還接受了「閱讀」潛在客戶，並評估他們購買意願程度的培訓。

在辭去工作後的幾年內，隨著對文案寫作越深入的研究，讓我也越來越深入地了解推銷。

在這一章節中，我將提供你最簡單的框架和工具，而這些都是我每天在**推銷**、**報價和進行銷售**所使用的框架和工具。雖然對你來說，這些工具可能很簡單；但越簡單的工具，你才越有可能使用它們，畢竟，我不認為你必須成為一位訓練有素的銷售高手才能成功，但你確實需要了解如何使用行銷腳本、製作行銷活動以及明白潛在客戶的認知水平。

在我們深入討論這個主題之前，我想再提醒你一次，最有效的行銷策略是簡單地說出實話；千萬不要撒謊，因為如果（以及當）你的客戶發現你撒謊時，會對你的品牌造成不可彌補的損害。

現在，請允許我分享一個故事，這將有助於構建我們在本章中要講述的其他內容。

潛在客戶的五個意識層級

不久前，有一位年輕的女士，以下我將稱呼她為南希，參加一個我的研討會，並與我討論她要創造「健康家園」的商業理念；但我不太了解她的意思，因此，南希解釋說，她曾與家人在幾年之間搬了許多次家，而在那些房屋居住時，她發現他們在某些房子裡會覺得頭非常痛，不過，住在其他房子裡，卻不會出現這種症狀。

後來，她偶然在網路上看到一段影片，影片中表示有些電錶會發出可能導致頭痛的無線電波或是低水平的射頻輻射（low-level RF radiation），她才因此恍然大悟；於是，南希想創建一個事業，她希望透過實地進入人們家中進行評估，並提供人們預防頭痛的措施。

從她與我講述的過程中，我能感受到她對於幫助人們解決這個問題充滿熱情；不過，問題是，大多數人都沒有意識到這個問題；因此，她必須走「思想創新者之路」（Path of an Idea-preneur），也就是說，首先，她必須教育人們認識一個問題，然後再幫助人們解決這個問題。

後來，在與南希合作的過程中，讓我釐清接下來我要向你展示的框架，這是從以前文案大師尤金·施瓦茨的廣告基本原則之中，提煉出來的框架（如左圖所示），這張圖從左到右所顯示是潛在客戶的意識層級。

最低層次的意識是指潛在客戶根本**不知道**他們有這個問題，所以，為了教育那些還不了解情況的人，你必須**撰寫故事**，這就是為什麼我一再強調你必須在行銷中，使用你的創始人故事、商業故事和客戶故事，因為這些故事能讓你有機會與處於任何意識層級的潛在客戶建立關係，比如，當我告訴南希，我並不是很理解她想要解決的問題時，她能直覺地告訴我，她和她的家人為何多次搬家，以及她發現 RF 輻射波的問題。

如果潛在客戶已經有**問題的意識**，那麼，你應該分享秘密，例如，南希發現她和她的家人會出現頭痛症狀的秘密原因，因此，其中一句她的推銷語可能是：「你在搬進新房子後總是不定時的頭痛嗎？這就是真正的原因！」

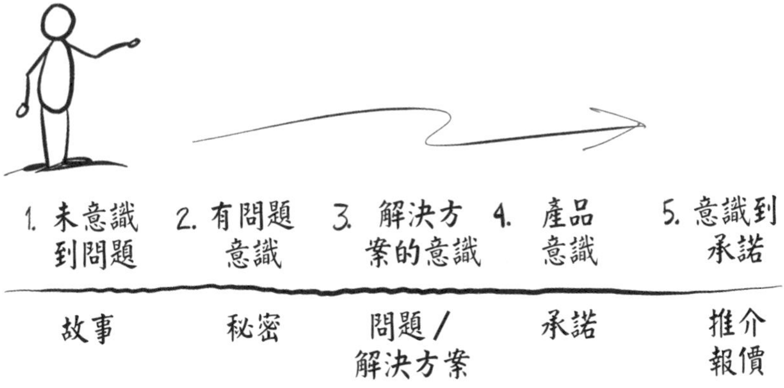

接著，如果你的潛在客戶已有**解決方案的意識**，而且他們知道應該有產品或是服務可以幫助他們解決這個問題，但他們不知道該向誰購買，這時，你只需要重新陳述問題，並談論你的解決方案，讓潛在客戶了解你的產品。

另外，當潛在客戶處於**產品意識**的階段時，就代表他們以前已聽說過你的品牌或是產品，因此，你只需要根據你產品或服務的可靠性和聲譽做出承諾即可；如果潛在客戶**已意識**到這點，接著，你就可以**直接提出報價**。

總而言之，當我告訴南希我不明白她所說的「健康家園」是什麼意思時，她能直接地告訴我她和她的家人為何多次搬家，是因為她們在某些房子裡會出現無法解釋的頭疼症狀；因此，在與她交談的幾分鐘之內，我就**意識到**一個我以前從未聽過的問題，並**意識到需要一個解決方案**，然後，**意識到她的產品**（她的諮詢），而且很可能在那裡就被推銷，最後，還獲得一個報價，而這一切都只發生在短短幾分鐘之內。

所以，每當你在撰寫活動時，都要將以下五點牢記在心：

1. 未意識到問題＝故事
2. 問題意識＝秘密
3. 解決方案意識＝問題／解決方案

4. 產品意識＝承諾
5. 意識＝推介報價

在接下來的章節中，我將分享一個簡單的一對一腳本，如此一來，你就可以滿懷信心地開始進行電話銷售，並自信地向客戶推銷你的產品。

現在，你心裡可能想說，「基姆，我真的需要一個電話銷售的腳本嗎？這感覺太不真實了！或許，我即興發揮會表現得更好。」

對於這問題，我簡短的回答是：是的，你需要一個腳本！

幾年前，百老匯音樂劇（the Broadway musical）《漢密爾頓》（*Hamilton*）每張門票的售價高達一千五百美元以上；但如果你再走幾個街區，就會到達即興表演的喜劇俱樂部，那裡的門票不到三十美元，而即興表演之所以很便宜，就是因為你不知道你會得到什麼，也不知道這個節目的品質是否良好；然而，《漢密爾頓》或是任何其他有價值的節目，都有強而有力的腳本，才能要求最高的價格。

以上就是我要說的。

一個有效的（且有道德的）電話銷售腳本

能夠成功製作這個銷售腳本要歸功於我的朋友雷伊．愛德華，因為是他給我這些方法的基本要素，然後，我以這些要素為基礎，再加入自己的想法，以完成一個我幾乎每次在電話銷售時都會使用腳本；而且如果我能透過我的客戶接收表，事先了解潛在客戶，那麼，這方法會特別有效，以下是我腳本的重點（接下來，我將進一步地進行解釋）：

» 「以下是我們今天通話會涉及的內容。」
» 「是什麼原因導致你與我聯繫？」
» 「你認為（或覺得）這裡真正的挑戰是什麼？」
» 「你還嘗試過哪些方法解決這個問題？」
» 「對於那些沒成功的方法，你有什麼想法嗎？」
» 「讓我分享一下我可能可以提供的幫助。」
» 「還有什麼其他問題嗎？」

一般來說，我在開始通話時會說：「謝謝你主動與我聯繫！很高興今天能和你聊天，以下是我們將在電話中討論的內容，我會先問你一些問題，以確定我是否能夠提供你幫助以及如何提供幫助；然後，我將告訴你我有哪些可以幫助你的產品或服務；接著，你可以詢問我任何問題；最後，當我們都完成時，我會問你是否對於一切的事物都清楚了，以及這些聽起來合理嗎？」

也就是說，你在進行電話行銷時，必須立即控制通話，並確定議程，這不是為了欺負任何人；而是為了使通話在**符合道德的情況下，更加有效的進行對談**，因為潛在客戶無論如何都想與你進行大量的交談，而你只是在設定一些規範，以確保你和潛在客戶都能了解你們所採取的下一個行動是否有意義。

當我以這種方式開始通話時，從來沒有人說不行；如果有人說不行，我就會詢問說：「有什麼問題嗎？」而如果我感覺前景會很難處理的話，我就會直接回應說：「對不起，我想我們不會是適合的合作夥伴。」然後，我就會結束通話，不要浪費時間！

如果他們同意通話的規範，那麼，就進入下一個環節，就是將我要詢問的問題結合他們在客戶表上填寫的具體情況結合，比如，「是什麼原因導致你就「你的主題」與我聯繫？」這時，如果你的潛在客戶是一位滔滔不絕、喋喋不休的人，甚至會對你進行腦筋急轉彎，請讓他們慢下來。

記住，持續控制通話的節奏和內容！

通常，我會提出一個闡釋性的問題，努力使潛在客戶慢下來，讓對話回到腳本的軌道上，比如，我會說：「等一下，我只是想確認我是否理解你所說的內容……」然後，直接跳到下一個問題，「你認為（或覺得）這裡真正的挑戰是什麼？」

彌合需要緊張

許多銷售培訓師會告訴你要在潛在客戶的傷口上「撒鹽」，要把重點放在痛苦的問題上，比如，「你現在的收入是多少？」或是「你需要賺多少錢？」

雖然讓你的潛在客戶關注痛苦是一件非常重要的事情（如果沒有任何痛苦，他們就不會與你進行任何交談）；不過，我已經多次說過，行銷不是為了完成銷售，而是為了開啟一段關係。

或許，當潛在客戶希望與你加深彼此的關係時，你可能會覺得不舒服，但這是因為他們知道你「理解」他們的痛苦，因此，你的工作就是要彌合差距，然後完成銷售。

是的，有時會感覺很尷尬，但彌合需要緊張！而這就是你的工作，換言之，就是你要自行決定如何措辭，雖然我不喜歡那麼直白，因為這不是我的個性，但如果潛在客戶的回答說讓他痛苦的事情是金錢，那麼，我就會以一種更深層思考的方式問他說：「你現在所在的位置和你想要的位置之間，我們需要賺取多少錢？」

我使用「我們」這個詞彙，是因為我想讓潛在客戶知道，我們不是坐在談判桌對面進行談判；我和他們是在同一艘船上，我們是合作夥伴，是坐在對方身邊，一起朝一個共同目標前進的夥伴，所以，我只是想知道我們要一起邁進的目標是什麼。

接下來，這兩個問題是放大客戶痛苦的微妙方式，就是「你還嘗試過哪些方法解決這個問題？」和「對於那些沒成功的方法，你有什麼想法嗎？」，而這兩個問題將為你提供相當有價值的背景資訊，讓你能將自己的方法與他們所嘗試過的其他解決方案分開。

一般來說，通話時間大約只有十到十五分鐘左右，其時間的長短大多取決於潛在客戶與你談論的多寡和你引導他們的談話速度。

我提醒你：**這是一通銷售電話，而不是一場會議或是免費的諮詢！**

所以，重點只是讓潛在客戶覺得你了解他們而且願意與你交談，但不要通話太久，必須保持通話進度！

接下來，我要與你分享應該如何幫助你的潛在客戶。

你可以談論你所提供的解決方案，或者，更好的是，如果你有經驗的話，你可以講述之前的客戶或案例，比如，我時常會說：「請允許我分享一些相當有幫助的例子，大約一年前，我和一位也想開創個人品牌事業的人一起工作，他想將輔導員和演講者作為他的副業……」此外，如果當事人允許我分享他們的名字，那麼，我就會在案例中，直接提及他們的名字，如此一來，就能與新的客戶產生更多連結。

你可能是潛在客戶的「第一次」

我已經遇到好幾位都是第一次想雇用廣告文字撰稿人、影子作家或是顧問的潛在客戶，在這種情況下，我通常會詢問說：「你對於和廣告文字撰稿人的合作有什麼期望呢？」如果他們回答說不知道要期望什麼，那麼，我就會更簡單地詢問說：「你對於廣告文字撰稿人的等級了解多少？」

然後，他們通常都會說他們不了解廣告文字撰稿人的等級，因此，我會用以下的敘述，確立我的定位：

「能寫出十級文案的廣告文字撰稿人是指可能會收取兩萬五千美元的初始諮詢費、十五萬美元的活動經費，以及幾個百分點的銷售佣金，這些人就像丹．甘迺迪（Dan Kennedy）或是傑．亞伯拉罕（Jay Abraham）一樣，能夠為「Proactiv」或是「Icy Hot」等公司撰寫品牌活動文案；而只能撰寫一級文案的廣告文字撰稿人則是指會向你收取一千五百到三千美元，但沒有任何實際經驗的人。而我，是一位能撰寫七級文案的廣告文字撰稿人，正在朝八級文案邁進。」

上述方式，讓我能夠確立我的費用，並為我的案例研究提供更多內容（如果你要使用這種策略，請誠實地說出如何劃分你的專業等級；畢竟，你最不希望的就是在某個計畫中迷失自我，誤導客戶）。

到此為止，你已經與潛在客戶完成大部分的談話，而且，你已經知道你是否適合與這個人合作，所以，現在可以詢問他們，「你還有什麼其他想詢問的問題嗎？」如果沒有，且你們討論的是一個計畫，那麼，這通電話基本上就可以以「需求建議書」（Request for Proposal，RFP）作為通話結尾，就像當我一對一的與客戶進行溝通時，我通常也都是以需求建議書作為結尾，因為只有在通話中，才會顯現整個計畫的範圍；而如果你正在審查某人是否適合加入一個輔導小組的話，你可以在這時候告訴他們收費金額，並要求他們在此階段進行註冊。

你的提案是一種行銷工具

我的策略是在三個工作日內準備好一份提案。

通常，你所提交的提案要附上一個到期日期——通常我的到期日期是在我發出提案的三個工作日內。

所以，**請確保你的提案有一個有效日期**，因為你有其他更有意義的事情要做，而不是坐在那裡等待他人的決定，而拖延你的時間；此外，加入有效日期也能強化你的定位和你的品牌。

不過，如果是一個很大的計畫，需要再進行一、兩個後續的通話，才能決定，這當然可以理解；但即使是我最大的計畫，也很容易安排，主要原因就是我的銷售電話運作方式相當良好，因為要經營一個成功的專家事業，其所涉及的領域不僅僅是輔導、諮詢、演講或是自由職業者，還需要明確且專業的與客戶進行溝通，以及在你的計畫結束時，妥善管理你事業的能力。

簡言之，一切都是品牌效應！

因此，他人在銷售電話中與你相處所感受到的經驗以及你發送的實際提案文件，都充分說明了你的專業性。

如果你想知道我用來爭取客戶的確切提案模板的話，請上 MikeKim.com/store。網址查看，你也可以購買我的客戶接收表、正式提案模板、單頁提案（對於重複的客戶很有用）、客戶推薦表，以及我高價的「族譜」（pedigree）頁面——這是一個設定密碼保護的隱藏頁面，概述所有我所做的最大計畫，但不能公開銷售。

上述這些聰明的小組合都是在幫助你像專家一樣的處理每個計畫，且能節省你自己創建這些東西的時間。

遠大的抱負、故事、解決方案：創造有黏性內容的簡單方法

透過不同的社群媒體頻道以及其他媒介進行銷售，比如，播客、線上研討會和 YouTube 影片，其最特別的事情之一就是這些媒介允許我們透過講述故事和分享我們的專業知識，以提高潛

在客戶的意識層級。

不過，當提到這種類型的行銷時，我試圖遵循一個簡單的經驗法則——不要只講故事，而不說重點；也不要只說重點，而不講故事。於是，我養成一個習慣，就是記錄「遠大的抱負」——這些想法可以是我創造的單句、格言或是在其他書中看到的引語；此外，我還記錄了許多故事，因此，每當我想創建一個行銷內容時，我就會用以下這個簡單的順序：

1. 遠大的抱負
2. 故事
3. 解決方案

這順序的重點是要強而有力，所以，這對於電子郵件行銷或是在社交媒體中以六十秒影片形式展現「微內容」的方式效果都非常好。

有一天晚上，我在瀏覽我舊的社交媒體文章時，有一篇我幾個月前發佈的文案——「行動可以治愈恐懼」（Action cures fear），成功地引起了我的注意，雖然這不是一句特別獨特或深刻的名言，但我對於有多少人喜歡這篇文案感到相當驚訝，於是，我心想既然有這麼多人喜歡這句話，那麼，這句話就得到了「驗證」，因此，我決定圍繞這句話創作一些內容。

於是，我在華盛頓哥倫比亞特區的一個研討會上，當我正在教導人們「遠大的抱負／故事／解決方案」這個簡單的方法時，我拿出手機，拍了一段自拍的影片，然後，我簡單地說：「這是我們今天學到的東西——行動可以治愈恐懼」。

接著，我讓大家在背景中看到人們正在製作第一個社交媒體行銷的影片，並講述我們當天所做的事情，接著，你會對於有多少人在此文案上發表評論並發送私人訊息詢問我有關研討會的情況，感到大為震驚。

面對這種情況，我可以發送他們一個新的鏈結，進入後，他們會看到可以參加我下一場研討會的銷售頁面，或者，如果他們想獲得更多相關的資訊，我可以簡單地與他們進行通話。

因此，趕緊開始收集遠大的抱負，包括你自己和他人的想法，方便查閱，因為這小小的框架能幫助你保持你想法的流動性。

畢竟，你永遠不知道哪個想法會激發你創造內容，並因此而成功銷售。

如何寫出令人難以抗拒的開場白

當你為社群媒體的文案下標題、為社交媒體錄製影片，或是撰寫行銷電子郵件時，有一個強而有力的開場白相當重要。

我是從廣告文字撰稿人萊恩．施瓦茨（Ryan Schwartz）（不要與已故的廣告文字撰稿人尤金．施瓦茨〔Eugene Schwartz〕搞混）那裡學到有一個強而有力的開場白至關重要。

我和他的認識相當偶然，是因為萊恩的終身伴侶蘇是我創業初期的助手，當時，我不知道她男朋友是網路行銷領域的頂級廣告文字撰稿人！我想，一定是行銷之神幫我安排我們的相識，因為他教了我這個方法（如下所述）：

1. 寫下這句話，「我從未想過這可能實現，但是……」。
2. 完成這個想法。
3. 刪除「我從未想過這可能實現，但是……」這部分。

第一句話是希望你不要想太多，讓你的頭腦進入一個創造空間，想出一件令人驚訝或甚至是震驚的事情，以下是我將此方法實際應用於自己一封行銷電子郵件後結果：

第一步：「我從未想過這可能實現，但大多數的電子郵件行銷都很弱。」（我試圖想一個比喻，以形容這有多弱。）

第二步：「我從未想過這可能實現，但大多數的電子郵件行銷都比俠客．歐尼爾（Shaquille O'Neal）在比賽時的罰球還弱。」（Shaquille O'Neal，簡稱 Shaq，是一位籃球名人堂的運動員，但因為他糟糕的罰球而臭名昭著。）

第三步：「~~我從未想過這可能實現~~，但大多數的電子郵件行銷都比俠客．歐尼爾在比賽時的罰球還弱。」

結果：「大多數的電子郵件行銷都比俠客．歐尼爾在比賽時的罰球還弱。」

結果，這封電子郵件引起人們廣大的迴響，還有許多讀者都親自回覆我說，這封電子郵件有多有趣，而且這句話是讓他們想繼續閱讀電子郵件剩下部分的關鍵。

這是一件好事！因為你會希望人們能從你的行銷資料中，感受到一些東西，無論是幽默、快樂、靈感、憤怒，還是任何種類的情感；但當你的行銷變得可以預測時，它就會變得枯燥乏味，然後，最終，就會被忽視了。

實際活動中的五個意識層次

如果我不提供一個例子，說明我是如何將這五個意識層次運用到實際活動中，那就是我的疏忽。接下來，我將說明我如何撰寫電子郵件活動的主旨。

「訓練營」（Bootcamp）是指我在社交媒體上，推廣三個免費影片的培訓課程，如果潛在客戶想要註冊參加培訓，就必須提交他們的電子郵件地址，然後，我會將他們加入我的潛在客戶名單內，一旦他們進入我的名單中，我就能直接發送更多的內容，並推銷這個課程。

以下是我所寄送電子郵件的主旨，你會發現主旨旁的括號裡，有寫相應的「意識層級」，而第一封電子郵件只是三個影片課程的確認郵件，所以，沒有寫任何意識層級，因此，第二封電子郵件才是活動真正開始的地方：

1. 歡迎來到「你的品牌訓練營」！
2. 訓練營課程一：「三個你」（秘密）
3. 訓練營課程二：兩種類型的企業家（秘密）
4. 你需要多少錢才能完成職業的轉捩點？（故事、秘密）
5. 訓練營課程三：如何（正確地）辨識你的理想客戶（故事、秘密）
6. 三十六小時的「閃電開放」活動（問題、解決方案）
7. 現在，可以開始註冊了！（直接報價）
8. 在同一個行業中，從正職轉換到夢想的工作（故事、秘密、直接報價）
9. 正職被開除後，開創一個輔導事業（故事、秘密、直接報價）
10. 當……時，更有把握成功（直接報價）

你可以發現，從第七封電子郵件開始就進行直接報價，因為到那時，潛在客戶已經了解許多活動的內容了，而這活動的關鍵是**將故事、秘密和直接報價**結合，正如在第八封和第九封電子郵件中看到的那樣，因為這過程可以讓潛在客戶重新進入故事，並與故事進行連結，以減少潛在客戶被報價衝擊的疲勞感，比如，在電子郵件中，我會花時間講述之前一些客戶轉型的故事，接著，將故事精煉成可以快速翻看的步驟，並在電子郵件中進行推介，以下是其中的一封電子郵件的內容，即第八封電子郵件：

我收到有關「計畫名稱」最大問題之一是：「這真的有可能變成我的全職事業嗎？」

我這裡有一個故事，正好可以說明什麼是可能……

約瑟夫．B（Joseph B.）曾經在一間律師行銷公司工作，其工作內容包含網站開發、線上行銷和廣告印刷，但他一直希望能在家裡經營自己的事業……不過，因為他已有老婆和兩個年幼的孩子，因此，要做出轉變這種決定，對他來說，會影響很大，其影響至少包含：

1. 收入的不確定性。
2. 在辦公室工作轉為在家工作的過渡期。
3. 要去哪裡找穩定的客戶。
4. 如何創造多種收入來源（不僅是客戶的工作）。

5. 如何與你的配偶提起辭職的話題！

後來，約瑟夫參加了「計畫名稱」，並應用計畫中的一個關鍵策略——**讓你的雇主成為你的第一位客戶**！因為約瑟夫想留在同一個行業（市場行銷）中，於是，他可以利用他在雇主那裡的職位，轉變為一個兼職或承包商的角色。

接著，他繼續利用「計畫名稱」中的策略，建立一個最簡單但可行的平台，將自己推向市場，並做與他當時工作內容同樣的事情。

想像一下，做相同的工作；不過，卻能一次又一次地獲得更多的報酬，而這就是約瑟夫所做的事情，因此，從過去的四年到現在，他可以說是一直都全職投入於自己的事業。

「客戶的頭像、圖片和報價」

而且，約瑟夫反復地告訴我說：「這是我所上過最好的課程」，並發給我以下的訊息：

「你用極其簡單的方式，教授完整的複雜理念，讓我從課程中獲得實質的成果，這不僅僅是最好的課程，這應該說是黃金。」

其實，生活對我們來說就像是個圓圈——去年，當「客戶」雇用我進行一個行銷計畫時，我請約瑟夫來幫他們經營他們的線上廣告；後來，雖然我與該客戶的合約已經到期，約瑟夫仍繼續與他們合作，而這就是當你明確地了解你的品牌和你人際網路中的關係時的力量。

如果你想要努力，那麼，［計劃名稱］可以幫助你更進一步。

現在，可以從以下「快閃開啟」（flash open）［計劃名稱］的鏈結：

點擊這裡，立即註冊»

（裡面包含付款方案的資訊）

此優惠僅在24小時之內有效……

點擊這裡，立即註冊»

後來，我收到許多買家的回覆，他們都表示這封電子郵件是他們購買這項計畫的原因，這是真的嗎？當然不是。

他們會購買這項計劃的原因是——他們在經歷完整且周到的活動後，培養他們想購買此計劃的渴望，而這封電子郵件只是讓我完成與他們的銷售。

大石頭 vs. 小卵石：如何創建年度行銷活動

在這個章節的最後，我想與大家分享一個可以超越日復一日努力，並可以在一年時間內，就達到高地位以觀看大局的方法，那就是——我堅信，你的品牌每年必須至少有兩到三次的大力推進活動，最好是三次。

如果你有規劃這兩到三次的大力推進活動，這活動之間的時間，你就可以用來創建內容及培養潛在客戶進入你所要推廣的事物中。

也就是說，每位企業家都必須明白一件事——向池塘裡丟大石頭，以製造波浪的重要性。換言之，「宣傳噱頭」（publicity stunt）這個短語已經是惡名昭彰，但它卻是組成市場行銷的一個重要部分。

雖然每週發佈一次部落格文章或是播客都很好，但除非其中有某個特定的內容像病毒一樣地傳播，否則這些都不會掀起真正的波浪；另外，在社交媒體上，發佈每日文章也很好，但這些更像是你扔進池塘裡的小石頭，它們發出了很酷的聲音，但都也不會掀起波浪（至少在銷售方面是如此）；因此，有時候，你必須拿起一塊大石頭，把它扔進水裡，然後，引起社會大眾的注意！

當我剛開始工作時，我的大石頭是我的第一場網路研討會、第一個虛擬高峰會，以及我第一個產品的發佈會，因為網路研討會、高峰會和產品發佈會都能吸引社會大眾的注意，並掀起波浪，因此，即使沒有人購買，這些活動本身也已是一個宣傳噱頭，因為人們已注意到你正在大力推廣的事物，而且，人們會認為你正在做的事情比你自己所認為的還要強而有力。

另外，如果你是經營一個比較傳統的事業，比如，實體店面或是專業的服務（法律、髮廊、餐館等），那麼，掀起波浪則會有不同的變化。

在我擔任教育公司的首席行銷長時，我們的日常工作就是要經常舉行「閃電活動」，而閃電活動是指要在某個特定的月份（通常是三月）舉辦一系列的現場活動，以便在夏季時，有大量的客戶。

我們所舉行的家庭招待會和研討會都相當引人注目，因為我們正在推廣人們相當缺乏且急迫需要的事物，而且，我們會在四處貼滿廣告，讓每個社區的民眾都被這些促銷活動「轟炸」。

在我的經驗裡，我見過有許多人都躲在幕後，從來不敢開創第一次的網路研討會或是發佈會；但我必須跟你說，你必須勇於承擔風險，所以，除了小卵石以外，你還要往水裡丟一些大石頭，才能讓你的事業更上一層樓，以下是一個我以自己事業為例的行銷策略樣本（小卵石）：

1. 每週一集的播客節目
2. 每週一集的 YouTube 影片
3. 每月一篇有關行銷和品牌的部落格文章

4. 每週向我的客戶名單發送兩次電子郵件
5. 每週在所有平台上發表兩篇社群媒體的文章

不過，誰知道呢，也許有天，上述的某個內容就會像病毒一樣的爆紅，然後成功掀起話題；但是，你不能僅圍繞著這種希望建立行銷策略。

請不要誤解；小卵石很重要，畢竟，你不能直接在大石頭上建立地基，因為這些大石頭太參差不齊了，所以，你需要小卵石填補空白；但你也不能只用小卵石建立整個基礎，因此，你兩者都需要。

在大石頭的部分，我每年只做幾次，我會把一年分成三部份，而不是四等份，我會將三或四個月劃分為一個區塊，分別為：一月到四月、五月到八月和九月到十二月，以下為我進行大石頭活動的一個例子：

一月到四月：推出一個免費線上輔導小組的活動，以引起轟動，並增加我的電子郵件客戶名單，然後，開始向這些註冊者銷售一個為期九十天的私人輔導小組課程。

五月到八月：舉辦一個小型研討會，然後，讓我輔導小組的學生以較低的價格購買研討會的門票，而其餘的席位則讓其他民眾以正常的註冊價格購買們票，在研討會結束後，我會收集的客戶對於影片的推薦，接著，在社群媒體上，發佈研討會的照片（進而創造話題），並錄製教學課程；最後，在活動中，再向與會者推廣另一種私人輔導小組的課程。

九月到十二月：推出由研討會的記錄影片製作而成的線上課程，換言之，就是我會從輔導小組中選擇最佳的輔導談話，並將這些內容重新錄製成影片，以完成課程；然後，再從研討會中擷取影片片段，為社群媒體創建微內容（micro-content）。

也就是說，我所做的每一件事情都會簡單地為下一件事情鋪路，讓每一塊大石頭都能產生收入、創造話題，並提供下一塊大石頭內容，然後，也讓我與我的客戶建立更深層的關係。

現在你試想一下，如果我在用我前面提及的小卵石支撐這所有的大石頭，那麼，這將是一個強大的基礎！

你可能想知道為什麼我不進行一年四次的「大石頭」活動（使用九十天制的季度）。

答案是，因為對於我的這種事業來說，九十天的時間太短，會使你不夠時間在進行大石頭前，投入大量的行銷技能，導致無法成功使用大石頭掀起話題；如果這樣做的話，你不僅會疲憊不堪，你的市場客戶也會感覺你經常在變換業務，像是你前一天還在推廣一門課程，第二天你轉身就在兜售一本書籍，然後，你又開始推銷一個智囊小組等等。

後來，我發現每四個月推廣一塊大石頭，其效果相當不錯。

不過，隨著你的事業增長，你的大石頭也會隨之而變，比如，當我剛開始經營我的事業時，我的大石頭包括推銷我的文案寫作服務（我很緊張！）、舉辦我的第一次網路研討會，或是推出我的播客。

然而，現在，這些已經是必然的事情了，因為我的事業已經有所增長，因此，石頭也變得更大了。

投擲或毀滅！

不過，不管現在是大石頭還是小卵石，你都必須始終如一地做一些事情，才能保持你在市場中的領先地位，也就是說，為了吸引更多的客戶、擁有更大的舞台、獲得更多的機會，你必須建立自己作品的體系，而不是在你要做的事情上建立聲譽。

我永遠不會忘記早期我所舉辦的一次網路研討會，這研討會發生在二〇一五年，當時，我要為一門我正在推廣的課程舉辦第一次產品發佈會，後來，我決定以網路研討會的形式推廣這個課程，並想嘗試在不同的時間舉行研討會，以期吸引更多人的目光。

於是，我試著在美國東部時間的晚上八點、下午兩點和上午十一點都舉辦一次網路研討會；

前兩個時段的銷售情況都非常好，都讓我取得不錯的銷售業績，但是，在美國東部上午十一點的時段，讓我感到非常懊惱，因為當時只有兩個人參與這場網路研討會！但我現在回想起來，那是一個不錯的結果。

不過，那時，我不得不馬上做出決定，我心想，我舉辦這次網路研討會只是為了銷售課程，還是為了認真幫助這些參加研討會的人增加價值？後來，我還是決定使用與前一天晚上八點面對兩百多人的研討會時，所使用的能量與他們兩人進行整個研討會；最後，這兩個人之中，有一個人購買了課程，轉換率還達到百分之五十呢！

我之所以與你分享這個故事，是因為你很容易認為我是一些和你大談特談一堆建議的「專家」；不，朋友，只是因為我已經走過你正在走的道路，因此，與你分享我在進行事業時，也有遇到古怪（有時是令人沮喪）的時刻，比如，這個網路研討會的故事。

但是，無論發生什麼事情，我們都必須堅持下去，我們都必須繼續投球、必須繼續向池塘中投擲大石頭！

下一次，當你根據自己的定位，要提出報價而感到焦慮時，請記住——即使只有兩個人參加的網路研討會也不算失敗。

我在提供報價時，也常會因為自己定位的改變，而產生蝴蝶效應；不過，我都會不斷提醒自己，我有責任幫助他人，也有責任讓我的企業保持活力，並繼續發展。

然後，每當我對於提出報價而感到膽怯時，我就會告訴自己，我一直都相當**誠實的**在進行推銷，而且，為了磨練技能和建立關係，我已經傾注了無數的時間，還慷慨且免費地提供了許多專業知識，因此，要勇於提出報價。

不推銷就毀滅！

第10章
合作夥伴：人際關係好比火箭船

當我二十幾歲的時候，我的教會要求我接待一位要進城的演講嘉賓，而我之所以認識他，是因為在過去一年期間，這位先生都是常駐嘉賓。在他進城的時間裡，我的任務就是到機場接他，並開車送他到飯店，然後，提供一切他所需要的任何事物，讓他可以住得更舒服一點。

這位嘉賓是我見過最獨特的人之一，因為他有一種強大的氣場，難怪他有迦納（Ghana）東部一個部落的「國王」稱號，因此，我與他在汽車裡、在走廊上和在吃飯時的所有對話都是無價的寶，因為這些談話內容都與他在演講時分享的事物一樣，很有影響力，甚至更有影響力。

另外，在開車接送他的過程中，他有時會用電話與世界各國的領導人進行重要談話，因此，我可以聽到他如何與那些重要人物進行對談；有一天，他與聯合國的某位重要人物結束通話後，他對我說了一句話，至今，我仍清晰記得他所說的話，他說：「孩子，你很有才華，但你必須明白——生活只有百分之十是你所**知道的事物**，而有百分之九十都是你所**認識的人**。」

說實話，當時，我並不相信他所說的話；因為那時我還很年輕，我覺得整個大好未來就在我眼前，所以，我當時真的認為只要有才華就夠了；但隨著時間的推移，我開始慢慢地意識到他說的話是對的，而這也是為什麼我一直大力提倡要將建立關係作為建立品牌一部分的原因。

在先前的章節中，我們已經花了許多時間討論如何利用行銷，以開啟與潛在客戶的關係。現在，讓我們把注意力轉向如何與合作夥伴和朋友建立關係；畢竟，獨行俠無法在這個行業中立足太久，因為人際關係就好比是火箭船，最能體現這一點的人就是我的朋友保羅．馬丁內利（Paul Martinelli）。

「建立夥伴關係，進行跨領域合作，並相互指導」

保羅．馬丁內利是一位已成功幫助個人發展領域中許多大人物打造個人品牌的專家，他曾直接與約翰．馬克斯韋爾（John Maxwell）、鮑勃．普羅克特（Bob Procter）、丹尼爾．阿曼醫生（Dr. Daniel Amen）等知名人物合作，且直接負責他們數千萬美元的知識產權銷售。

而馬丁內利之所以能如此成功的原因是：他不單只使用一個策略，與他人建立關係，而是主張使用三管齊下的方式，與他人建立關係，換言之，就是──「建立夥伴關係，進行跨領域合作，並相互指導」。

當馬丁內利告訴我這個方法時，我有種靈光一閃的感覺，因為聽完他的敘述，我才知道要如何描述我一直以來都在做的那些——無意識有能力（Unconscious Competence）的事情！

不過，我有點反其道而行；二〇一三年，當我開始撰寫自己的部落格時，在網路行銷領域，我還不認識任何人，後來，當我開始進行我在第二章節與你分享的品牌之路後，我才偶然發現了一些事情，而這些事情使我進步神速，且快速壯大品牌，此外，我還吸引到許多合作夥伴和合作者一起工作。

回顧過去，我開始能了解這些事情之所以會如此發展的原因；不過，首先，我會先和你分享我最初實行的步驟，因為這很重要，然後，我會在這個章節的最後，介紹我是如何利用自己這個小型但不斷增長的品牌，與他人建立夥伴關係，進行跨領域合作，進而與他人相互指導，最後，以獲得迅速成倍增長的機會。

在開始之前，我不得不強調一個關鍵：這全部都取決於你是否有將自己的品牌打造成一個人們願意與之往來的人。

畢竟，當你變得自視甚高時，他人將是開始容忍你而不是讚美你。

現在，讓我們從我當初起步時，所採用的第一個策略開始：成為他人的最佳案例。

策略一：成為他人的最佳案例

請記住，每一位鼎鼎大名的專家都曾是一位初學者；每一位領導者也都是從當他人的追隨者開始；每一位權威也都曾經是一位學生，因此，無論某人看起來有多「大」，他或她仍然是**一個人**，所以，他們核心的願望仍是一樣的，那麼，這些大人物真正想要什麼東西呢？這很簡單！他們想要他人的關注度以及好處。

但是，當你剛開始創立事業時，你的追隨者中，可能都沒有足夠「大」的人，可以讓這些大人物獲得額外關注或是好處，所以，這意味著我們必須想出一個特別的方式，以滿足這些大人物所想要的東西，那就是──為他們做出超出其他人所願意做的貢獻；要達成這個目標，其中一個最簡單的方法就是：成為他人的最佳案例。

前面章節曾提及，早期，我的其中一位線上導師是領導力的作家麥可．海亞特，二〇一三年，當我開始撰寫部落格時，我想學習如何更有效地撰寫部落格文章，於是，我簡單地在谷歌上搜索「如何撰寫部落格」之類的內容，而當時，海亞特正在教授他人許多部落格相關的使用技巧，因此，他的名字及課程迅速出現在搜索結果當中；於是，我就開始閱讀他的課程內容。

後來，我發現他有在經營一個播客，於是，我每天就相當規律地在上、下班的路上都聽他的播客頻道，最後，我決定參加一個海亞特所開設的課程，其實這是一個會員才可以觀看的網站，每個月需花費約三十美元。

我之所以決定參加，是因為這是我當時唯一能證明我也有這能力的事情，換言之，就是我想在花更多錢投資於部落格前，先向自己證明我可以堅持撰寫部落格；在我剛開始經營部落格時，我幾乎做了一切他所說的事情，而且我相當活躍於會員中，並在社群媒體上分享海亞特的各種內容和資訊，此外，我還幾乎每個月都參加他的問答通話活動，長達一年的時間。

海亞特在社交媒體上有成千上萬名的粉絲，光是其中一位排名比較靠前的商業播客，其電子郵件的客戶名單上就有成千上萬人；雖然他有這麼多名追隨者，且許多追隨者都已有相當龐大的客戶名單；雖然在參加他課程計畫的成員中，我只是幾千人中的其中一位；雖然在參加他輔導電話的成員中，我只是幾百人中的其中一位；不過，對他所教導的事物，真正採取行動的成員，我就是少數人中的其中一位了。

另外，你必須知道，這些創作者對於他們學生和客戶的關注度都會比普通民眾還多很多；幾個月後，海亞特注意到我了，並開始在他自己的社交媒體頻道上分享我的部落格文章，然後，麥可的追隨者開始注意到我這個人，因為他們想知道，「這個一直讓麥可·海亞特分享其部落格文章的邁克·基姆是誰？」

後來，海亞特還邀請我在宣傳他課程的網路研討會上分享我的故事，雖然這看似是一個為他課程宣傳的機會，但同時也發生了另一件事，就是透過與海亞特這樣的大人物建立簡單的連結後，其他有影響力的人也因此開始注意到我。

策略二：投資於更多獨有的機會

當與有影響力的人建立連結時，最重要的是，要特別和那些與他們受眾還保有許多個人聯繫方式的人建立連結，因為如果在你的行業中，有一位已經積累大量追隨者且具有影響全球的人物，可能不會像處於上升期的人那樣對待他們的顧客和客戶；因此，如果這些全球性的人物是如此，那麼，想要獲得與他們建立連結的機會往往需要投入更多資金。

在前面，我分享了有關麥可．海亞特的故事；不過，當時，他的計畫才剛成立一年左右，在那計畫之後，他撰寫了很多書籍，並一改以往教導部落格的課程，開始朝領導力開發和生產力的領域發展，而他的聽眾因此大幅飆漲；這時，我如果再使用策略一的那種策略，以海亞特當時的事業和影響程度來說，根本完全無效。

這時，你必須要問自己的一個至關重要的問題：時間和金錢，哪個比較重要？

因為對我來說，策略二就是要投入時間，畢竟，我不想在兩年、三年或四年時間裡，都只是做我自己的事情，並試圖靠自己的力量取得進步，因為我需要投資的不僅僅是我個人或事業的發展；我還需要投資於我事業的**人際關係網**，因此，我開始尋找能幫助我實現個人發展、事業發展和事業人際網這三個目標的機會。

其中一個實現上述三者的好方法就是投資於更多獨有的機會，比如，輔導小組、智囊小組或是小型的現場活動。

之前，我在參加海亞特的課程時，偶然在小組內發現一個名叫雷伊・愛德華的影片，愛德華是一位文案和行銷顧問，當時，我就覺得我應該立刻與他的聯繫；現在，愛德華已經成為我的摯友；但在那時，他根本不認識我。

因此，當時，我開始尋找「與連結者建立連結」的方法，後來，正如命運所安排的那樣，在某個時間點，愛德華創立了一個高單價且獨有的智囊小組；參加後，我在那裡遇到許多令人難以置信的大人物，而且，有些已成為我親愛的朋友，或是與我在各種事業中一起努力的合作夥伴。

多年來，隨著我事業人際網的增長，我已經意識到這個簡單的原則：好人會認識好人，而好人又會認識到更多的好人。

成為別人花生醬裡的果凍

大約一年後，相當重視宣傳和利潤的愛德華創建了一個行銷計劃，然後，在尋找聯盟夥伴；

那時，因為我持之以恆地經營部落格和播客，我的品牌也因此慢慢成長，後來，我同意一起幫他推廣他的計畫，且目標是成為幫他推廣這計畫的前五名推廣者，過程我就省略不說了，最後，我獲得了第一名。

這推廣使我獲得更多的曝光機會，而且不只是對愛德華的追隨者進行曝光，同時，還對其他聯盟的夥伴進行曝光，因為他們想知道我是誰，因此，使我能與他人建立更多的連結，且這種高水平的驗證結果，更使我信心大增。

獲得第一名對我來說是意料之外且不可思議的結果，因為與其他聯盟夥伴相比，我客戶名單的規模太小了，結果，到最後，我甚至擊敗了一位網路行銷領域的傳奇人物，而這當然也讓這位傳奇人物開始關注我，那麼，我是如何做到的呢？吸引人們透過你提供的鏈結購買產品的關鍵是——提供你獨有的好處。

如此一來，你才能贏得推薦他人的權利，比如，製作一個好的產品是推銷員的工作，而創造一個不可抗拒的包裝則是聯盟的工作，因此，如果要我把愛德華網路行銷聯盟的促銷活動提煉成一個簡單的原則，那就是：讓你的產品成為別人花生醬裡的果凍。

比如，我所推廣的產品是「文案寫作」，雖然我是一名廣告撰稿人，但除了文案寫作外，如果提供額外的文案獎金並沒有什麼意義，這只是在麵包上塗抹更多的花生醬；因此，我轉換想法，試著跳脫花生醬，開始想想什麼是果凍，於是，我選擇了「個人品牌」。

也就是說，許多人購買愛德華的課程是為了磨練他們的文案寫作技巧，但他們之中一定有許多人也想成為全職的廣告自由撰稿人，而這就是我可以填補的空白之處，換言之，我可以教導他們如何推銷自己、如何推銷自己的技能，以及如何在行業中與他人建立連結，且結果證明，原來這是個完美的填補。

請注意，在這過程中，請你慎選你的合作夥伴和推廣對象，因為你的名字和聲譽最終都可能會受到影響，所以，考慮清楚要選擇與誰合作是一件至關重要的事情。

因此，多年來，我只推廣我認為真的有價值的人物和產品，而且我非常努力地工作，以獲得向我追隨者推薦這些事物的權利，簡言之，贏得追隨者的信任，就有責任保持這種信任。

大多數人只是想一起上學

我遇到很多人都抱怨說，成功人士都只對其他成功人士感興趣，他們不喜歡這種所謂的「精英主義」；但想想你是否曾與在學校、在運動場或是在教會中一起長大的老朋友敘過舊？所以，換言之，「一起上學的人」之間會有一種特殊的默契，比如，現在想像一下，你和某人一起透過創業的方式開創各自的事業，最後，在一個自由且成功的地方相遇。

因此，其實有許多你可能想與其合作的專家都只是因為他們在同一時期開創各自的事業，而有種特殊的默契，所以，他們並不是在進行什麼精英主義，他們只是「學校的朋友」。

正如保羅・馬丁內利所說，他們是在進行跨領域的合作，因為他們之間已有多年的信任和默契，因此，你永遠無法複製他們身上的特點，不過，當然，你或許也可以和他們合作；但是，想與他們合作，除非你做一些非常引人注目的事情，否則很難進入他們的人際關係網。

這就是為什麼發展你自己的人際關係網是件至關重要的事情，因為你需要其他人，需要可以與自己建立友情的人；此外，你也要繼續進行一些能引起與你同等能力的人所關注的事情，換言之，你必須始終如一地提高你的計畫水準，因為，請記住，當一個人越來越有影響力時，他們的標準也會越來越高。

比如，有一位與我同時期創業的「同學」，名叫賈里德・伊斯莉（Jared Easley），我們第一次見面是在一個會議上，然後，我開始聆聽他的播客，名叫《消除疑慮》（*Starve the Doubts*），後來，我決定撰寫一篇關於我為什麼喜歡他節目的部落格文章，結果，令我驚訝的是，他居然注意到我的這篇文章，然後，我們就開始聊天了。

當時，伊斯莉對我來說就只是伊斯莉，我並不知道，他在幕後，正在為播客們開創一個活動，後來，他的活動——「播客運動」（Podcast Movement），成為美國最大的播客活動之一，隨後，他邀請我在首屆的活動中發言，而那次，其實是我有史以來第一次在商業活動中進行演講。

一開始創業時，我們就認識彼此，因此，僅管他的事業和影響力都在增長，但對我來說他仍然很樸實；不過，現在，他的活動已發展得相當卓越，所以，他要考慮事情就變得更多了，

換言之，如果你以前沒有在任何地方演講過，想要得到在這種場合演講的機會是很難的——他的活動現在是該行業的主打商品，而且已經舉辦很多年，而且，伊斯莉還有其他事業夥伴，因此，請我在他們的商業活動中進行演講是伊斯莉與他的事業夥伴共同作出的決定，而不是伊斯莉說：「嘿，夥伴們，我想幫助我的朋友基姆，所以雖然他以前從未在商業活動中發言，不過，給他一個演講的機會，因為我相信他一定能表現得很出色。」就能決定的事情。

也就是說，我可以繼續和他做朋友，但如果我想在專業層面上，繼續與他進行合作，我就必須達到更高的標準。

這就是為什麼我仍繼續對自己進行投資（你可能會對於我花在輔導方面的金額感到相當震驚），並致力於不斷提高自己的水平；同時，這也是我為什麼願意為那些在工作、學習和服務方面不斷成長的人「付出」心力。

策略三：貢獻你的技能，以培養夥伴關係

經常有人詢問我，我是如何在我的行業裡，與多位具有影響力的人建立連結的？在我回顧我的職業生涯後，我發現我建立連結最重要的方法就是：將我的技能運用於其他事業中，並通過我們的合作，與他人建立關係。

在第七章中，我們談及個人品牌的五部曲，分別為：演講、寫作、輔導、諮詢和產品化，不過，對我來說，最關鍵事情是要用適當的技能，處理人際關係，以幫助他人建立自己的事業，比如，二〇一八年，我與一位領導力專家約翰．馬克斯韋爾所開創的公司合作，並擔任該公司的行銷策略師和廣告撰稿人。

試想，如果當初我是以輔導員或是演講者的身份與他們接觸，且想直接與他們進行合作，我就會成為馬克斯韋爾的競爭對手，因為他本身就是一名輔導員和演講者，而且比我的地位還高出許多，而我將被視為試圖從他的影響力中，榨取利益的人；不過，因為我有一項與他不具競爭性的技能，因此，我可以為他的事業做出貢獻，而且最後，我花了相當多的時間與馬克斯韋爾和他的團隊一起討論事業相關的事情。

此外，我的個人品牌還讓我的定位不僅僅是一位受僱的承包商；相反地，他們把我當成是一位合作者以及夥伴，因為我不僅幫助他們提高行銷活動的水平，我還有一個蓬勃發展的播客和一

個強而有力的人際關係網；雖然能與馬克斯韋爾團隊進行合作，在我眼裡，他們肯定是我「合作夥伴」；但是，因為我的技能、影響力和人際關係網都相當有限，因此，在他們看來，我可能只是一位小小的「合作夥伴」。

不過，不久後，他們讓我站上他們活動的舞台進行演講，並且為他們的聽眾進行線上授課；此外，他們甚至還幫我推廣一些我的課程，使我獲得的銷售額比他們支付給我費用還多五倍！這結果讓我相當高興。

但是，你能想像，如果我是在一個沒有個人品牌的情況下，建立這種關係會是什麼情況嗎？沒有人脈、沒有平台，也沒有產品可言？那麼，這將是一個多麼浪費的機會啊！

然而，我看到許多承包商就正在做這種事情，而這一切都是因為他們沒有花時間建立一個個人品牌；沒有發展他們的人際關係網；沒有贏得影響力，因此，我毫不誇張地說，這情況真的讓我感到很心碎。

策略四：史詩般的早餐

其中一個與他人建立融洽關係，並發展你人際關係網的最佳方式就是——舉辦聚會。

在我職業生涯的早期，我舉辦了幾次小型且私密的活動，而這些活動幫我與他人建立了許多良好的關係，而我和我的朋友們都把這種活動稱為「史詩般的早餐」（The Epic Breakfast）。

「史詩般的早餐」是一個只有受到邀請的人，才能參加的一個小型聚會，而這聚會通常會在早上舉行，是一個由我主持的早餐會，然而，這個早餐會之所以有效，是因為，它是在討論會或是會議以外的時間所進行的活動，畢竟，你不會希望在實際進行會議時，舉辦你自己的活動，因為這不是一個交朋友的好方法；第二，安排早餐可以確保你的聚會有一個結束時間，我曾拒絕過許多晚餐的社交活動，就是因為我不想被拖入一個可能是痛苦且無止境的社交之夜，不過，如果是早餐，我就可以確保我們有開始和結束的時間。

另外，我通常還會請其他一、兩位在活動中擁有自己人際關係網的同事幫忙，請他們親自邀請幾位有名的朋友一起參加早餐會，因為一旦有人聽說另一位會帶具有影響力的人物來參加早餐會，他們就幾乎都會想來參加，甚至還有些人會直接問我說：「有誰會參加？如果某某某人來了，我一定會去」。儘管這些話聽起來很像是我在驅趕要參加高中聚會的人，但我並不介意，因為這就是人們的想法，他們會想知道這場早餐會是否是值得他們花費時間。

一般來說，以我安排的用餐方式來說，我會將聚會人數限制為十五人，因為一旦超過這個人數的限制，就會使這場早餐會變得很漫長，所以，你必須控制要邀請誰並確保他們每個人都有座位，順道一提，我都是負責請大家吃早餐的人，因此，請不要邀請他人來參加聚會，卻要求他們自己付錢。

在用餐時，我們會遵循「一次性談話」的規則，並由我主持會議，換言之，這個「只有一次談話」的規則就是讓每個人在吃飯時，都有機會發言，以防止喋喋不休或壟斷整個談話的人，例如，像我其實是一位比較內向的人，所以，如果我在一個有許多健談者的房間裡，我通常都會表現的很安靜；然而，這個小規則能讓同桌的內向者有勇氣開口，我向你保證，他們會相當感激你的舉動。

在早餐會中，我通常以簡短的歡迎詞、日常事務（比如洗手間在哪裡）的方式開場，然後，分享什麼是「一次性談話」的規則，並讓每個人都知道我們會準時結束這場聚會，接著，用簡短的自我介紹（名字、你來自哪裡、你是做什麼的）和一個破冰問題，以開啟每場早餐會。

比如，有一次，我在納什維爾州，與他人共同主持一個聚會時，我們的破冰問題是分享自己最近一次所閱讀的書籍名稱，並在話語的最後加上「用電鋸」這個詞，然而，當人們聽到「我是邁克．基姆，是一位來自新澤西州的行銷策略師，而我最近一次所閱讀的書名叫做《如何用電鋸贏得朋友和影響他人……》（*How to Win Friends and Influence People… With a Chainsaw*）」，結果，全場哄堂大笑，那情景真的相當有趣！

試想，如果有十五個人參與聚會，當每個人都輪流發言一次後，你們可能已經在一起相處十五到二十分鐘，因此，必須要隨時注意及掌握時程，一旦每個人都完成自我介紹後，我就開始向大家提出一個問題；然後，我會自己先回答這個問題；接著，再請在座的另一個人回答這個問題；一旦那個人回答完這個問題後，他就可以再請另一個人回答，就這樣，不斷地重複這個回答方式，直到每個人都回答完這個問題為止。

這種回答問題的方式不僅可以讓每個人都保持警惕（因為在座的人隨時都可能會成為下一位回答者），而且允許在座的人再次詢問他人的名字，因為比如，可能輪到我要請下一個人回答這問題時，我就可以說：「我要請……對不起，你叫什麼名字？」，如此一來，不僅能加深對他人名字的印象，也不會讓人覺得尷尬；此外，如果你適當地培養這個想法，這其實是一個非常強大的經驗，因為你會讓人們知道，無法馬上記得對方的名字也沒關係。

在早餐會上，一旦有人開始分享他對於我所提出問題的答案，就提供其他在座的人，更多有關他們是誰和他們做什麼的背景，而且，通常人們會在早餐會結束後，都會留下來繼續交談，然後，大多都是在談論彼此在早餐會中所分享的內容。

如果你詢問一個問題，並給每個人一、兩分鐘的時間進行分享，那麼，很快地，另一個半小時就過去了，所以，我在早餐會的問題總數從未超過三個（包括自我介紹），如此一來，整個早餐會才可以控制在一個小時到一個半小時之間，以確保每個人都可以準時離開，或即時趕上討論會和真正的會議。

因此，當你在規劃要問哪些問題時，了解你的聽眾是很重要的，所以，你應該要對誰會參加這場早餐會有個概念，因為這是一個只接受受邀人的聚會，也就是說，這群來參與聚會的人可能是一群非常開放但脆弱的人群，也可能是一群相當封閉的人們。

雖然你很可能對於要問哪些問題有你自己的想法，不過，以下這些問題是我覺得在主持時，非常好用的問題清單：

1. 現在，在你的事業或是個人生活中，什麼東西給予你最大的能量？
2. 有什麼是你正在做，而且真的會讓你感到興奮的事情？
3. 有什麼習慣或是做法可以改善你的生活質量？
4. 在過去三個月裡，你學到什麼事物是你希望三年前就知道的東西？

之所以將問題都故意設計成開放式問題，是因為開放式的問題，讓人們能有空間可以從他們專業的角度切入，以回答並討論事情，比如，一個新的計畫、客戶或是機會，或者他們可以談論一些個人的事情，像是新的鍛煉方式、家庭的最新情況，或是他們對於工作和生活平衡的看法，簡言之，這回答完全由他們自己決定。

重要的是，可以將這些問題的談話都集中在一些積極且有益於生命的事情上，因為這正是大多數的成功企業家或商業領袖所關注的事情。

早餐結束後，你看看是否能與在場的每個人都拍一張合影，因為有些參與早餐會的人可能會在社交媒體上，分享這張你們合影的照片，而因為你是早餐會的主辦人，因此，這張照片將幫助你在人際關係網中，提升你的品牌地位。

策略性自拍

說到拍攝照片，對很多人來說是一個新領域；因此，接下來，我將介紹一些良好的方法，以幫助你與他人建立連結，而這些方法都很新穎，而且很有創意。（我在一個倍受社會媒體影響的行業中工作，所以，請自行斟酌是否要使用這些方法）。

讓我們快速看一下可能有助於你，並讓你與你遇到的人建立連結和夥伴關係的幾個方法。

在前面的章節中，我談及「虐待狂自拍」，就是我將自己看起來很痛苦的樣子拍成照片，如此一來，這樣我就可以隨時提醒自己，我的生活中還有比我當時正在做的事情更重要的事情要做。

然而，這個「策略性自拍」就是一個相反的情況，我認為比起攜帶名片，我選擇簡單地完成以下的事項，讓他人對我留下印象，然後，再進行後續行動：

1. 我會與我想建立連結的人一起自拍。
2. 直接用電子郵件將我們的照片寄給他們，因為照片比名片更容易認出對方，因此，我就得到他們的電子郵件地址；然後，我會在電子郵件中，附上我的電話號碼。
3. 在社交媒體上發佈這張自拍，並標記活動名稱和他們社交媒體的帳號名稱。
4. 在活動結束後，我會利用我最初傳送的電子郵件，進行跟進。

雖然我知道在一些行業中，名片仍然是常態，不過，我曾對一些我遇到的人這樣做，其效果很好，所以我讓你自行決定，不過，無論如何，請不要在詢問他人是否願意一起自拍時，表現得令人毛骨悚然！

但是，不要忽略重點：與他人合影通常被認為是一種致敬，然後，發佈你認識某人的訊息是一個與他們聯繫和互動的好方法，然而，這並不代表你要與「名人」合影，我是在說明要如何與你想了解的人「建立關係」（opening a relationship）。

人們不希望有被利用的感覺……不過，他們確實希望能與他人建立關係。

策略五：讓你所服務的對象變得重要

人們很容易地以為，在你準備好要開始做「大」事之前，你必須要有大量的追隨者或是有巨大的影響力；不過，我發現事實其實恰恰相反。

二〇一七年底，我舉辦了第一個我的商業活動，名為《影響和衝擊》（*Influence & Impact*），這是一個小型（四十人）且只接受受邀請人參加的活動，這活動的舉辦地點離我當時所居住的新澤西州北部只要幾分鐘路程。

在前面的章節中，我已提及很多次，商業無非就是通過解決問題，以獲取利潤的過程；因此，每當我發起任何新的活動時，我都會問自己，「我想解決什麼大問題？」。

後來，在推銷《影響和衝擊》的活動時，我就打電話或是寄送電子郵件給那些我想與其建立連結且曾經與我合影的人，並說道，「我有一些高素質朋友來自不同的生活圈，他們需要見個面，於是，我幫他們安排，所以，我舉辦了一個活動，這個活動中，有兩、三位是值得你認識的人，你有興趣前來參加嗎？」

我的推銷詞就是這麼簡單。

在這場活動的開場白中，我會說我們之所以要聚集在一起，是因為在我的生活中，我知道有些人很適合與他人建立關係；但問題是，他們唯一能一起出現在同一個房間裡的時機就是在我的葬禮上，但我更希望自己是活著的！在偷笑幾聲之後（每個人都熟悉我這冷面笑匠的幽默感），我會告訴我的朋友們，我希望他們在離開這個活動時，可以帶走以下三件事情：

1. 信念
2. 清楚
3. 連結

在我們相處的兩天時間裡，我會反覆地說這些話；然而，人們也會說這三件事情正是他們在活動結束後，希望得到的東西，這並不奇怪，因為這就是有意的品牌推廣！

因此，讓人們能掌握到你希望他們用來描述你工作的語言相當重要。

上述的故事，看起來像是我告訴你要如何舉辦自己活動的一個藍圖，但其實我是試圖想讓你更進一步地理解，你不需要等到很「大」，才能做這件事情。

在我舉辦這個活動的時候，我的客戶電子郵件名單還非常少；我的播客才剛成立幾年；我沒有鼎鼎大名的客戶、沒有知名的輔導計畫，當然，我也沒有預算，可以支付業界領先的演講者來為我的舞台增添光彩。

因此，那次活動的每一位演講者都是我的朋友、我的同事，或是我智囊小組中，親自輔導的學員，而且對許多人來說，這都是他人生有史以來的第一次公開演講，所以，我親自指導他們如何進行演講，並為他們錄製專業的演講影片，然後，讓他們可以在各自事業的行銷中使用，這就是我想送給那些人的禮物，因為我想讓他們變得重要，換言之，我希望我的客人也能變成重要的人物，也就是說，我希望藉由這個活動，能夠提升我客戶的地位，而不是我的地位。

然而，在做這個的同時，我的品牌，是的，我的影響力成倍增長，也就是說，那次活動以及此後幾年我所做的其他事情一起產生的漣漪效應是相當不可思議的，在我幫助的那些客戶中，有許多人已經一起合作開創事業；有些已成為彼此最好的朋友。

這是我向你發起的挑戰：不要尋找重要的服務場所；而是要讓你服務的地方變得重要。分享是一種藝術，不要關注沒有參加你聚會的人；而是要專注於與那些和你在一起的人相處。不要只關注能否獲得更多的影響力；而要專注於給那些你能影響的人產生正向的影響力。

如果你更努力地探究，你會發現，你擁有的資源、資產和價值比你想像的還要多。

朋友，不要有任何藉口！

你可以做我在這一章節中所概述的每一件事，如果我這故事要說的更詳細一點，那麼，我承認我是在痛苦婚姻進行分居之後，才舉辦《影響與衝擊》的活動，而我之所以能夠堅持下來，就只是因為我真的想幫助我的朋友。

如果你真的想要為人們解決問題，那麼，只需要對品牌「下一點功夫」，不可思議的事情就會發生。

成為人們想要合作的對象

在這個章節的開頭，我們談論如何與有影響力的人建立夥伴關係；不過，有一件很酷的事情是——當你根據「你的品牌藍圖」建立你的品牌時，你就會成為其他人想要合作的對象，因為你有自己的觀點；你有真實且強而有力的個人故事；你的定位很明確；你的平台在成長；你有解決現實世界問題的產品。

或許，人們可能無法準確地表達是什麼吸引他們與你合作，不過，你知道答案，其原因就是——你就是這個品牌，畢竟，你已經做了許多艱苦的努力，你已經付出許多代價，而且，你已經走過這條品牌之路。

所以，現在，你已經準備好進入並利用合作夥伴關係，使你的影響力和收入大幅成長！

結語

在結尾，我想再提醒你一次，我希望你在閱讀這本書時，能有什麼感覺——「終於！這就是我一直在尋找的東西，我一定可以完成這些方法！」

還有，我一再跟你重複的觀念——行銷不是為了完成銷售，而是為了開啟一段關係；我希望藉由我真實與你分享想法、故事和例子的方式，能體現這段話語。

另外，我希望我已成功向你傳達了溫暖和希望；我希望你真的能了解，你不需要依靠形象、浮誇或是炫耀，以產生影響力；此外，我還希望，如果有一天，我舉辦一個真正的篝火晚會，你會想來參加。

最重要的事情是：我希望我有成功幫你深入挖掘自己，並認識到**你的個人品牌**；我必須重複自己在前面章節所說過的話，但這是相當值得重複一句話——這將需要你的努力（和一點點的脆弱）。

你很容易就會認為，「太好了！一旦我了解這些方法，我就可以創建我的個人品牌。」不！不對！我是要求你現在開始創建你的個人品牌，然後，一邊經營一邊思考，而且如果你越能跳脫自我，就越容易能開始發現自己。

此外，這本書的目的是作為一個藍圖，所以，儘管你已經學到一些新的東西，但我希望你會一次又一次地回來翻閱這本書籍，並將它作為你經營個人品牌的一個指南手冊，以確保你一直在正軌上發展。

有關拒絕的言語

談及這問題我很難過，但我絕不能沒有提及「拒絕」這件事情就結束這本書。

我想說的是，建立個人品牌事業的旅程就和其他業務一樣：有起有落，有好有壞，也就是說，你必須努力在艱苦的日子裡，奮力一搏，以贏得最美好的日子。

不過，我們常常把任何形式的拒絕，都當作對於**我們個人的拒絕**，其實不然；相信我，我已經花相當多的時間，糾結於網路上他人對我的評價，包含取消訂閱我的電子郵件，或是在社交媒體上，取消對我的關注，但當你在揣測他人的想法時，並沒有人在乎，因此，請專注於自己重要的事情。

於是，我後來不再把這種類似拒絕的事情放在心上，因為儘管我努力做一位真實的人，但那些拒絕我的人還是不了解我本人，換言之，在這個世界上，對大多數人來說，我只是他們人際關係網上面的另一個「角色」，也就是說，每當有人拒絕我時，他們並不是在拒絕邁克・基姆這個人，他們是在拒絕，「個人品牌專家邁克．基姆並不是我現在需要或是想要做的事情」。

因此，除了我的家人和朋友之外，我不應該因為其他人不了解我，而覺得是拒絕我個人（在我的生活中，這種特權只保留給極少數人），因此，我希望你也能讓自己有這種同樣的感覺。

最後，我向要說的是：你無法控制在你身上會發生什麼事情，但你可以控制你要發生什麼事情。

所以，全力以赴，盡情地發揮、突破你的極限，看看你實際的能耐，不要退縮，不要讓他人奪走你的平靜。

為他人敞開大門

另外，我想鼓勵你：為他人敞開大門；要提供人們本來永遠不會得到的機會；要利用你的影響力，幫助人們創建他們的個人品牌；要寫推薦信，提供人們光靠他們自己無法取得的東西；然後，不管是推薦，還是誇耀，讓他們說出他們自己名字時，就是代表他們自己。

請記住，你不必等到致富、功成名就或是成為家喻戶曉的人物時，才能幫助他人，你現在就可以這麼做，因為影響力可說是一種貨幣，所以，它是流動的，因此，你為他人使用的越多，你得到的也就越多。

我所見過最吝嗇，且心胸最狹隘的人，他們不僅是在金錢方面吝嗇，在精神方面也相當吝嗇；然而，再豐富的金錢都無法解決精神上的貧瘠，試想一下，如果再也沒有人關心是否獲得榮譽，這個世界會變成什麼樣子？

當然，有些你曾為他們敞開大門的人，可能會拋下你或是忘記你對他們的好；但是，無論如何都一定要繼續堅持，相信我，當你為他人敞開大門時，會有更多的門為你敞開，而你將成為一個連結者，你的事業也會成為人們可以在周圍建立篝火的東西。

另外，為他人敞開大門還能使你保持謙虛；我在紐約市待了一段很長時間，在那裡，有許多大樓仍有一個門衛日復一日耐心地站在大樓門口，而他們之所以站在那裡，完全就是為了讓你在進入大樓時，感到放心，且使你更加放鬆的生活；但如果有一位傲慢的門衛，那麼，這是種愚蠢的概念，而這也就是為什麼他們要做為他人開門的工作。

不過，即使門衛感覺被忽視，他也能看清一切，因為他會認識每個人；他善於觀察；他有耐心，而且他舉止得體，因此，知道的事情會比人們認為的還多；所以，如果你不介意看見他人成功；不介意他人比你做得更好，那麼，就沒有什麼能阻止你前進的事情了。

你將以真實的方式發展你的人際關係網；以真實的方式成為一位建立連結者，並以真實的方式獲得成功，接著，你將成為銳不可擋、令人難忘且有影響力的人物，因為沒有人可以凌駕於寬厚的人之上。

堅持不懈地走在品牌之路上

朋友，能夠成為你的旅程中的一個小部分，真的是一種榮幸。

在有些日子裡（有時是一整季），你為了確立目標而奮鬥的感覺，就像你想要抓住風或是擠壓水，也就是說，彷彿你越是努力，它就越躲著你；還有一些日子是，你會覺得自己像行走在濃霧之中，試圖抓住一根細枝、一根樹枝，或者任何可以抓住的東西，這過程可能令人感到相當沮喪，但請記住，你永遠不會因為待坐在原地，等待天氣放晴，而找到走出霧霾的方法。

還記得我在一開始向你說明的品牌之路嗎？堅持到底，繼續工作，並持之以恆地重複這些工作，然後，尋找各種機會，以磨練演講、寫作、諮詢、輔導和產品化這五項技能；當你行走在這條品牌之路的道路上時，你會磨練自己的能力、吸引新的機會、夥伴和朋友。

我希望我在本書中所分享的內容都能讓你充滿靈感、激勵你採取行動，並讓你掌握新的知識和技能，最重要的是，我希望這本書能夠幫你從新的角度看待自己；現在，你可能很難從不同的角度看待自己；但相信我，有些特別的事情正在發生，所以，請繼續堅持行走在品牌之路上。

最後，我向你發起的挑戰是：活用你的訊息、熱愛你的工作，在世界上留下你的印記。

記住，你就是這個品牌！

致你的成功

邁克・基姆

備註：在下一節中，我將重述我在每一個章節所提出的問題，以幫助你繼續前進；另外，我還會附上我自己的「新聞素材包」（Press Kit），這裡面將包含我在這整本書中與你分享的各種行銷資料，而這套新聞素材包真的非常好用，它幫我節省相當多的時間，且幫我推銷自己以獲得新的宣傳，比如播客的採訪或是演講活動，所以，以這新聞素材包為基礎，並調整為適合你自己使用的版本。

再備註：還記得我告訴過你，我討厭其他書籍上面寫，「決定你要解決什麼樣的問題，然後就去找客戶」，而不提供任何具體的例子或是腳本的事情嗎？因此，我早已為你一步一步地制定這一切，所以，你只要到 YouAreTheBrandBook.com 的網站中，就可以獲得本書可編輯版的範本和文案模板，以及將你「想法變成行動」的練習。

正如偉大的尤達（Yoda）所說，「做，或者不做，沒有所謂的嘗試」！

問題統整

第1章：你必須成為什麼樣的人？（P.018）

你選擇在哪個市場中發展：健康、財富或關係？

第2章：你是哪一個？（P.038）

你是比較偏向一位實際創業家，還是思想創新者？

你是喜歡橫向聚焦，還是縱向聚焦，還是兩者的混合？

對你來說，區分人口統計學和心理統計學是否有更清楚自己的目標族群？

第3章：觀點（P.060）

什麼事物會讓你生氣？

什麼會讓你心碎？

你想解決什麼大難題？

第4章：個人故事（P.075）

創始人的故事
商業故事
客戶的故事

請確保使用導言、誘發事件和解決方案的方式，以撰寫這三種故事。

第5章：平台（P.089）

我提及每年我所專注的事情如下所示：

二〇一三年——部落格年
二〇一四年——播客年
二〇一五年——團體輔導年
二〇一六年——產品發佈年
二〇一七年——現場活動年
二〇一八年——演講年
二〇一九年——影片年

二〇二〇年——寫書年

二〇二一年——新書發布年

你今年決定專注於打造哪方面的平台呢？

第6章：定位（P. 112）

我提到我教導非行銷人員策略，且有助於我區分自己與他人的品牌。

誰是最靠近你的競爭對手？

第7章：產品（P. 127）

你希望我付錢購買你的什麼？

你想和我的哪位朋友談談？

第8章：定價（P. 150）

要你通過「水泄不通的交通」每小時的價格是多少？

第9章：推銷（P. 173）

今年你的年度行銷活動的三塊「大石頭」是什麼？

第10章：合作夥伴（P. 200）

我概述了五種你可以吸引合作夥伴的策略：你打算在未來九十天內，採取這五種中的哪一種策略？

策略一：成為他人的最佳案例

策略二：投資於更多獨有的機會

策略三：貢獻你的技能，以培養夥伴關係

策略四：史詩般的早餐

策略五：讓你所服務的對象變得重要

新聞素材包

隨著越來越多的機會開始出現，我發現自己花很多時間在向播客人員、活動協調人和虛擬高峰會的主持人發送相同的資訊；因此，我終於意識到，我應該把我的頭像、我的標誌、我當前的社群媒體名稱、職業介紹和一些我建議採訪時，詢問我問題放在我的網站上；而自從我創建這個新聞素材包以後，我每個月可以節省好幾個小時的時間。

雖然我新聞素材包的內容隨時都可能會改變，不過，我已經把我最新的新聞素材包發佈到我的網站上，讓你可以使用此新聞素材包，並調整成適合自己的版本；所以，你可以到 MikeKim.com/presskit 的頁面中，查看這個新聞素材包。

＊＊＊

邁克．基姆是一位行銷策略家、直效式的廣告文案撰寫人，也是一位作家，其書籍名稱是《個人品牌獲利關鍵：8大藍圖打造99%有效的數位行銷力，引爆變現的複利效應》（*You Are the Brand: The 8-Step Blueprint to Showcase Your Unique Expertise and Build a Highly Profitable, Personally Fulfilling Business*）。

他已被當今一些最有影響力的思想領袖品牌聘用，並曾在行業領先的活動中發表言論，其活動包含社群媒體行銷世界（Social Media Marketing World）、播客運動（Podcast Movement）和部落會議（Tribe Conference）。

多年來，他都是紐約市附近一間成功且價值數百萬美元公司的首席行銷長；然而，如今，你會發現他在會議上發言；在尋找下一個潛水的好地方，或是在品嚐一杯單一麥芽的威士忌；不過，與此同時，他會透過他排名靠前（已評級）的《你的品牌播客》（*The Brand You Podcast*）頻道，傳授他所知道有關品牌、創業和生活的所有知識。

基姆的社交網站：

Website: https://mikekim.com

Instagram:https://www.instagram.com/mikekimtv

Facebook:https://www.facebook.com/mikekimtv

Twitter:https://twitter.com/mikekimtv

LinkedIn:https://www.linkedin.com/in/mikekimtv/

YouTube:https://www.youtube.com/c/MikeKim

可以使用的標題：

1. 建立一個高利潤個人品牌事業的8個步驟
2. 如何用明確無誤的聲音，寫出有說服力的文案

建議採訪的問題：

◎你如何透過品牌、企業或領導人所傳遞的資訊，幫助他們確立目標？

基姆將分享他個人品牌的三個框架（PB3），他只用三個簡單的問題，就可以幫助人們確立目標。

重要的精華：行銷不是為了完成銷售，而是為了開啟一段關係。

◎在建立品牌形象時，人們應該先做什麼？是否有建議遵循的順序，還是直接把所有能想到的方法都試試看，以期某個方法會成功？

基姆將分享每個品牌的三個子特徵，並分別說明他逐年為了發展事業和品牌影響力所做的事情。

重要的精華：成功並非一蹴可及，而是循序漸進的成果。

◎世界上有那麼多聲浪，使每個人的聲音聽起來都一樣。個人品牌要如何才能展現其獨特之處，並從中脫穎而出？

基姆將分享他的「CopyProof 框架」：如今的品牌行銷聲音只有五種，並會以實例解說。

◎想要增進文案寫作最好的方法是什麼？你有什麼技巧可以創造更高轉化率的文案嗎？

基姆將分享他早期用以學習文案寫作的練習題；接著，他還會分享幾乎可以幫助所有品牌提高轉化率的關鍵用語。

◎對於從零開始的人，要怎麼了解你有哪些技能和經驗，可以轉化成事業？其最好的方法是什麼？

基姆將分享一個簡單的步驟，幫助任何剛開始創建個人品牌的人，確立有銷路的技能和經驗。

致謝

許多人在慶祝獲得成功時，總以為是自己的能力比別人好，卻忘了他人的功勞，我可不想成為這些人之中的一員。

在撰寫這本書時，我感覺自己好像重溫了從二〇〇九年以來的歲月，讓我再次感受到自己第一次覺得生活應該有個不同方向的時候；那些年，相當不容易，因此，要撰寫那段時期的經歷，比我預期得還要困難許多，也就是說，如果沒有人在我身邊支持我，我是不可能完成這本書，或是取得今天的成就。

感謝雷伊・愛德華，我永遠不會忘記那天，你在達文波特酒店告訴我說：「你有能力在這個行業中獲得成功」。因此，我一直努力在做的事情就是，給予人們你所給予我的信念；所以，現在，你是我這些年所教導過所有學員的「大教練」。

感謝傑森・克萊門特，你從我創業的第一天起，你就用你出色的設計幫我從一個新的角度看待自己，所以，這本書可以說是你最新的傑作。

切爾西・布林克利，沒有你，我不知道要怎麼管理我的事業，謝謝你解放我的生活，讓我能夠專注於撰寫這本書；我實在不知道我要做什麼，才能感謝你這樣的首席運營長所為我付出的心血。

傑夫・高因斯（Jeff Goins），你告訴我，我是一位作家，是我第一位真正相信的人，謝謝你寶貴的意見和智慧，我愛我們的友誼。

勞倫・V・戴維斯（Lauren V. Davis），感謝你無盡的鼓勵，以及不計其數的短信，幫助我脫離各種困境，更感謝你在我撰寫這本書時，幫我閱讀每一個章節。

另外，相當感謝摩根・詹姆斯出版公司（Morgan James Publishing）的團隊，因為有一個真正「理解」企業家的出版商真的非常罕見，但你們真的很好。

感謝我的世界級圖書教練凱倫・安德森（Karen Anderson）（StrategicBookCoach.com），現在，我很榮幸地可以稱她為朋友，這本書裡充滿了你所指導的內容、智慧和才華；沒有你，這本書根本不可能存在。

也謝謝我的商業教練托德・赫曼，感謝你挑戰我，讓我以領導者的身份出現，並走進我的另一個自我，然後，幫助我縮小我所在的位子和目標之間的差距。

感謝我的精神導師羅倫・特林（Loren Trlin），你幫我打開了我的靈魂，讓我明確了解我在生活中所想要的事物，並幫我大幅縮減實現我夢想的時間。

最後，感謝我在華盛頓特區的家人們，你們看到我為了寫這本書而在幕後所付出的所有「血汗和淚水」；謝謝我的姐姐以斯帖、我的姐夫索耶，以及我的兩個侄子哈魯和泰浩，謝謝你們總是為我敞開家裡的大門和冰箱，讓我放鬆心情。

另外，查爾斯，謝謝你總是在我心情低落的時候，說一些鼓勵我的話語，並與我一起喝一杯好的烈酒。

媽媽，你是唯一一位真正了解我這種奇特創作方式的人，我想這是因為我跟你是一樣的人，我很感激我承繼了你的藝術特質，更謝謝你為我提供一個可以寫作的地方，我愛你。

拉米和辛巴，你們是我所擁有的最好的狗狗，在我撰寫這本書的期間，有好幾週、好幾個月和好幾年裡，你們都一直在我身邊，我真的無比地想念你們。

另外，我的客戶和學生們，謝謝你們，為你們服務讓我感到相當自豪，你們的信任非常神聖，你們的勇氣相當鼓舞人心，我很榮幸能在你們的旅程中，扮演一個小小的角色。

最後，詩篇 109：27。

個人品牌獲利關鍵

8大藍圖打造99%有效數位行銷力，引爆變現的複利效應

作者邁克・基姆（Mike Kim）
譯者李翊巧
主編呂宛霖
責任編輯黃雨柔
封面設計羅婕云
內頁美術設計李英娟

執行長何飛鵬
PCH集團生活旅遊事業總經理暨社長李淑霞
總編輯汪雨菁
行銷企畫經理呂妙君
行銷企劃專員許立心

出版公司
墨刻出版股份有限公司
地址：台北市104民生東路二段141號9樓
電話：886-2-2500-7008／傳真：886-2-2500-7796
E-mail：mook_service@hmg.com.tw
發行公司
英屬蓋曼群島商家庭傳媒股份有限公司城邦分公司
城邦讀書花園：www.cite.com.tw
劃撥：19863813／戶名：書虫股份有限公司
香港發行城邦（香港）出版集團有限公司
地址：香港灣仔駱克道193號東超商業中心1樓
電話：852-2508-6231／傳真：852-2578-9337
城邦（馬新）出版集團 Cite (M) Sdn Bhd
地址：41, Jalan Radin Anum, Bandar Baru Sri Petaling, 57000 Kuala Lumpur, Malaysia.
電話：(603)90563833 ／傳真：(603)90576622 ／E-mail：services@cite.my
製版・印刷漾格科技股份有限公司
ISBN978-986-289-715-7・978-986-289-722-5（EPUB）
城邦書號KJ2053　**初版**2022年5月　**二刷**2023年7月
定價420元
MOOK官網www.mook.com.tw
Facebook粉絲團
MOOK墨刻出版 www.facebook.com/travelmook

國家圖書館出版品預行編目資料

個人品牌獲利關鍵：8大藍圖打造99%有效數位行銷力,引爆變現的複利效應/邁克.基姆(Mike Kim)作；李翊巧譯. -- 初版. -- 臺北市：墨刻出版股份有限公司出版：英屬蓋曼群島商家庭傳媒股份有限公司城邦分公司發行, 2022.05
240面；14.8×21公分. -- (SASUGAS ;53)
譯自：You are the brand
ISBN 978-986-289-715-7(平裝)
1.CST: 品牌 2.CST: 行銷策略
496.14　　　111005903